FORSCHUNGSBERICHTE DES LANDES NORDRHEIN-WESTFALEN

Herausgegeben durch das Kultusministerium

Nr. 903

Prof. Dr.-Ing. Bernhard Renfert †
Baurat Dipl.-Ing. Karl Heisig
Dipl.-Ing. Josef Thelen
Lehrstuhl für Straßenbau, Erd- und Tunnelbau der Technischen Hochschule Aachen

Untersuchungen über Bodenverfestigung des Untergrunds zur Feststellung der technischen und wirtschaftlichen Auswirkungen auf den Unterbau bzw. auf die Straßenbetonfahrbahnplatten sowie Untersuchungen flexibler Deckenkonstruktionen auf verschiedenen Unterbauarten

Als Manuskript gedruckt

SPRINGER FACHMEDIEN WIESBADEN GMBH

1960

Additional material to this book can be downloaded from http://extras.springer.com

ISBN 978-3-663-07636-0   ISBN 978-3-663-07638-4 (eBook)
DOI 10.1007/978-3-663-07638-4

Gliederung

I. Vorwort . . . . S. 5

II. Lage und Aufbau der Versuchsstrecke . . . . S. 6

III. Laboruntersuchungen . . . . S. 8
    1. Bodenverfestigung mit Portlandzement . . . . S. 8
    2. Bodenverfestigung mit Traßzement . . . . S. 13
    3. Bodenverfestigung mit Bitumenemulsion . . . . S. 14
    4. Mechanische Bodenverfestigung . . . . S. 17
    5. Zusammenfassung . . . . S. 21

IV. Auswertung der Meßergebnisse im Betondeckenteil . . . . S. 22
    1. Deckenaufbau und Meßvorrichtungen . . . . S. 22
    2. Verformungen der Fahrbahnplatten . . . . S. 25
    3. Auswertung der Plattenverformungswerte ohne Berücksichtigung der Untergrundsverhältnisse . . . . S. 26
    4. Einfluß des Untergrunds auf die Verformungen der Fahrbahnplatten . . . . S. 30
    5. Auswertung der Plattenverformungswerte mit Berücksichtigung der Untergrundsverhältnisse . . . . S. 37
    6. Einfluß der Dicke der Fahrbahnplatten auf deren Haltbarkeit . . . . S. 43
    7. Zusammenfassung . . . . S. 46

V. Auswertung der Meßergebnisse im Schwarzdeckenteil . . . . S. 48
    1. Deckenaufbau und Meßvorrichtungen . . . . S. 48
    2. Auswertung der Meßergebnisse . . . . S. 49
    3. Zusammenfassung . . . . S. 55

Vorwort

Bei oberflächlicher Beobachtung des deutschen Straßennetzes wird man feststellen, daß vor allem die Straßen aus der Vorkriegszeit in erheblichem Ausmaß der Beanspruchung des heutigen Verkehrs nicht standgehalten haben.

Die aufgetretenen Schäden sowie der frühzeitige Verschleiß haben im wesentlichen ihre Ursache in nicht ausreichender Tragfähigkeit des Unterbaus, z.T. aber auch bei relativ starken Unterbaukonstruktionen in der geringen Standfestigkeit des Untergrunds.

Unsere bislang den Erfordernissen der Praxis durchaus genügenden Straßenkonstruktionen sind somit besonders hinsichtlich des Unterbaus stärker zu bemessen, wenn nicht sogar neuartige Lösungen die Unterbauten alten Stils vollkommen ersetzen müssen. Des weiteren ist schon der Behandlung des Untergrunds durch ausreichende Verdichtungsarbeiten sowie Bodenverbesserungen besondere Beachtung zu schenken, wenn wirtschaftlich vertretbare und technisch einwandfreie Lösungen gefunden werden sollen.

Für Straßenneubauten und durchgreifende Instandsetzungsarbeiten ergab sich somit die Notwendigkeit, die Bemessung der Deckenkonstruktionen auf den modernen Verkehr und auf die jeweiligen Untergrundsverhältnisse abzustimmen. Eine Handhabe, eine Straßendecke bei Berücksichtigung von Untergrunds- und Verkehrsverhältnissen dimensionieren zu können, bieten nun die hauptsächlich in den USA und seit einiger Zeit auch in Deutschland entwickelten rechnerischen Bemessungsverfahren. Diese Verfahren haben jedoch den Nachteil, daß sie in ihrem Ergebnis von bislang nur schwer bestimmbaren Randbedingungen abhängig sind, wie z.B. zulässige Bodenspannungen oder zulässige Spannungen in den Deckenbaustoffen in Abhängigkeit von der Verkehrsbelastung, so daß rechnerische Methoden nicht mit Sicherheit in technischer und wirtschaftlicher Hinsicht einwandfreie Ergebnisse liefern können. Endgültige, optimale Lösungen sind bislang nur möglich aufgrund von Erfahrungen, indem man also bei Anlage von neuen Straßen oder bei Instandsetzungsarbeiten auf Erkenntnisse zurückgreift, welche man bei ähnlich gelegenen Untergrunds- und Verkehrsverhältnissen gemacht hat.

Aufgrund der Auffassung, daß rechnerische Dimensionierungsverfahren bislang nur einen Anhalt bieten für die Bemessung von Straßendecken, ist man sowohl in den USA als auch in kleinerem Umfang in Deutschland dazu übergegangen, durch Beobachtungen und Messungen an fertigen, dem Verkehr unterliegenden Versuchsstrecken zu brauchbaren Ergebnissen für die empirische Dimensionierung von Straßendecken zu kommen.

Eine derartige Versuchsstrecke, welche die Ermittlung zweckmässiger Deckenkonstruktionen zur Zielsetzung hat, ist auch die Versuchsstrecke Aldekerk. Über den Aufbau der Versuchsstrecke und deren bisherige Untersuchungsergebnisse aus den laufend durchgeführten Messungen und Beobachtungen, wird im folgenden berichtet.

II. Lage und Aufbau der Versuchsstrecke

Die Einrichtung der Versuchsstrecke Aldekerk erfolgte im Zuge einer Neubaustrecke der B 60 zwischen den zum Landesstraßenbauamt Kleve gehörenden Ortschaften Aldekerk und Wachtendonk.

Auftraggeber für diese Versuchsstrecke ist der Herr Minister für Wirtschaft und Verkehr des Landes Nordrhein-Westfalen. Die erforderlichen Laboruntersuchungen sowie regelmässige Messungen und Beobachtungen wurden durch die Forschungsstelle für Straßenbau und Erdbau der Technischen Hochschule Aachen durchgeführt. Die Zielsetzung der Versuchsstrecke Aldekerk war wie folgt vorgegeben:

1. Es sollte Aufschluß gegeben werden über die technische und wirtschaftliche Auswirkung von verschiedenartigen Bodenverfestigungen auf den Unterbau bzw. auf Betonfahrbahnplatten bei Berücksichtigung deren unterschiedlicher Dicke.

2. Es sollte Aufschluß gegeben werden, inwieweit sich im Rahmen eines weiteren Versuchsstreckenabschnitts ausgeführte bituminöse Deckenbeläge auf unterschidelichem Unterbau bislang bewährt haben und ob u.U. eine unterschiedliche Haltbarkeit der verschiedenen Deckenkonstruktionen zu verzeichnen ist.

Gemäß obiger Zielsetzung umfaßt die Versuchsstrecke zwei größere Versuchsstreckenteile, von denen derjenige Teil, in welchem Betonfahrbahnplatten auf Bodenverfestigungen zur Ausführung kamen, im folgenden mit "Betondeckenteil" bezeichnet wird, während ein Teil, in dem bituminöse Deckenbeläge auf unterschiedlichem Unterbau zur Ausführung kamen, im folgenden als "Schwarzdeckenteil" bezeichnet wird.

Der Untergrund besteht sowohl für den Betondeckenteil als auch für den Schwarzdeckenteil einheitlich aus einer mindestens 50 cm hohen Schüttung aus frostsicherem Kiessand, welcher aus dem in der Nähe der Versuchsstrecke gelegenen Eyller-See gewonnen wurde. Die Herstellung der Schüttung erfolgte unmittelbar vor Beginn der eigentlichen Deckenarbeiten im Rahmen der übrigen beim Bau der Gesamtneubaustrecke durchgeführten Erdarbeiten.

Einen Überblick über die Einteilung der Versuchsstrecke im einzelnen und genaue Angaben über den Aufbau der verschiedenen Deckenkonstruktionen geben die Abbildungen der Anlage 1 bis 3.

Laut Abbildung 1 der Anlage 1 und 2 umfaßt der Betondeckenteil insgesamt fünf Versuchsstreckenabschnitte. Hierbei handelt es sich um 90 m normalen Betondeckenaufbaus von 22 cm Dicke mit Baustahlgewebeeinlage und 360 m Versuchsstrecke mit vier verschiedenen Bodenverfestigungsarten, die sich wie folgt an die Normalausführung anschließt:

1. Bodenverfestigungsabschnitt mit Portlandzement von km 3^{+060} bis km 2^{+970}

2. Bodenverfestigungsabschnitt mit Traßzement von km 2^{+970} bis km 2^{+880}

3. Bodenverfestigungsabschnitt mit Bitumenemulsion von km 2^{+880} bis km 2^{+790}

4. Bodenverfestigungsabschnitt mit mechanischer Bodenverfestigung von km 2^{+790} bis km 2^{+700}.

Die Dicke der bodenverfestigten Schicht beträgt bei allen Teilabschnitten 10 cm. Während der Oberbeton der Fahrbahnplatten gleichbleibend eine Dicke von 7 cm besitzt, ist der Unterbeton, der in Normalbauweise eine Dicke von 15 cm aufweist, innerhalb der einzelnen bodenverfestigten Teilabschnitte auf 13, 11 und 9 cm reduziert. Außerdem enthalten die Fahrbahnplatten auf Bodenverfestigungen im Gegensatz zur Normalausführung keine Baustahlgewebeeinlage.

Laut Abbildung 1 bis 6, Anlage 3, umfaßt der Schwarzdeckenteil insgesamt fünf Versuchsstreckenabschnitte von jeweils 300 m Länge. Diese Versuchsstreckenabschnitte unterscheiden sich durch unterschiedliche Zwischenschichten, vor allem aber durch die Art des Unterbaus. Die eigentliche Deckschicht ist überall gleichbleibend als 3 cm dicke Asphaltgrobbetondecke ausgeführt.

Bei den Unterbauten handelt es sich um:

1. 26 cm Schüttpacklage, welche als Normalausführung zu betrachten ist, von km 1^{+200} bis km 1^{+500}

2. 25 cm Setzpacklage auf Planum von km 1^{+500} bis km 1^{+800}

Seite 7

3. 25 cm Setzpacklage auf 5 cm Kiessand von km 1^{+800} bis km 2^{+100}

4. 20 cm Setzpacklage auf 10 cm bituminöser Bodenverfestigung von km 2^{+100} bis km 2^{+400}

5. 15 cm dicken Zementbetonunterbau auf 15 cm Kiessand von km 2^{+400} bis km 2^{+700}

Auf eine nähere Beschreibung der bei Herstellung der Versuchsstrecke durchgeführten Bauarbeiten wird im vorliegenden Bericht verzichtet, da diese nicht im Zusammenhang stehen mit den gemäß Zielsetzung der Versuchsstrecke vorgesehenen Auswertungen der Meß- und Beobachtungsergebnisse.

Auch erübrigt sich an dieser Stelle die Beschreibung der zur Beobachtung der Versuchsstrecke benutzten Meßvorrichtungen und Geräte, da diese hinsichtlich Aufbau und Arbeitsweise im Zusammenhang mit den Auswertungen der Meß- und Beobachtungsergebnisse entsprechend erläutert werden.

Es sei abschließend lediglich noch festgehalten, daß die Fertigstellung des Betondeckenteils und somit die Ausgangsmessung für diesen Versuchsstreckenteil im Frühjahr 1954 erfolgte. Die Ausgangsmessung für den Schwarzdeckenteil kam erst im Sommer 1954 zur Durchführung, und zwar nach Fertigstellung der Verschleißschicht.

III. Laboruntersuchungen

Vor Baubeginn der Versuchsstrecke erfolgten laboratoriumsmäßige Untersuchungen, welche sich darauf erstreckten, einmal den Kiessand aus dem in der Nähe der Versuchsstrecke gelegenen Eyller-See hinsichtlich seiner Verwendbarkeit als Baustoff für die vorgesehenen Bodenverfestigungen zu untersuchen. Des weiteren wurden aufgrund dieser Untersuchungen optimale Mischungsverhältnisse ermittelt, welche für die praktische Ausführung der Bodenverfestigungen maßgeblich waren.

Nach Bauausführung wurden Proben aus den fertigen Bodenverfestigungen entnommen, welche etwas aussagen sollten über die auf der Baustelle erreichten Baustoffgüten.

1. Bodenverfestigung mit Portlandzement

Für eine Bodenverfestigung mit Zement läßt sich fast jeder in der Natur vorkommende Boden verwenden. Eine Ausnahme bilden sehr fette Tone und solche Böden, die das Erhärten störende oder zementschädliche Bestandteile enthalten.

Begrenzend in der Anwendung der Bodenverfestigung mit Zement wirken jedoch wirtschaftliche Gesichtspunkte, z.B. dann, wenn die Verfestigung grundsätzlich geeigneter aber stark bindiger Böden durch hohen Arbeitsaufwand und hohen Zementbedarf wirtschaftlich nicht vertretbare Kosten entstehen ließe.

Bei Beurteilung eines Bodens zum Zwecke der Bodenverfestigung mit Zement sind somit außer der Untersuchung dieses Bodens auf grundsätzliche Eignung im Hinblick auf eine wirtschaftlich tragbare Lösung folgende Fragen sorgfältig zu prüfen:

1. Die Frage nach der Verarbeitbarkeit, ob also der Aufwand für Auflockerungsarbeiten und Mischvorgänge ein optimales Maß nicht überschreitet.
2. Die Frage nach dem Zementbedarf, ob also das eingebaute Bindemittel in einem vertretbaren Verhältnis zu den erzielten Festigkeitseigenschaften der Bodenverfestigung steht.

Nun sind sowohl die Verarbeitbarkeit eines Bodens als auch sein Zementbedarf bei Vorgabe einer gewünschten Festigkeit der fertigen Bodenverfestigung im wesentlichen eine Funktion der Kornzusammensetzung des zu verfestigenden Bodens.

Die Fragen nach der Verarbeitbarkeit sowie nach dem Zementbedarf eines Bodens sind somit im Zusammenhang mit der Beurteilung seiner Kornzusammensetzung zu klären.

Bei dem im Rahmen der Versuchsstrecke Aldekerk verwendeten Boden zur Herstellung einer Bodenverfestigung mit Zement handelt es sich, wie bereits gesagt, um ein Kiessandgemisch, das aus dem in der Nähe der Versuchsstrecke gelegenen Eyller-See gewonnen wurde. Die Kornzusammensetzung des Kiessandgemischs ist aus Tabelle 1 und Abbildung 1 ersichtlich.

Tabelle 1

Siebdurchmesser nach DIN 1170/71	50	30	15	7	2	1	0,4	0,2	0,06
Durchgang in Gew-%	100,0	98,6	90,7	75,3	61,7	49,0	32,7	5,5	0,2

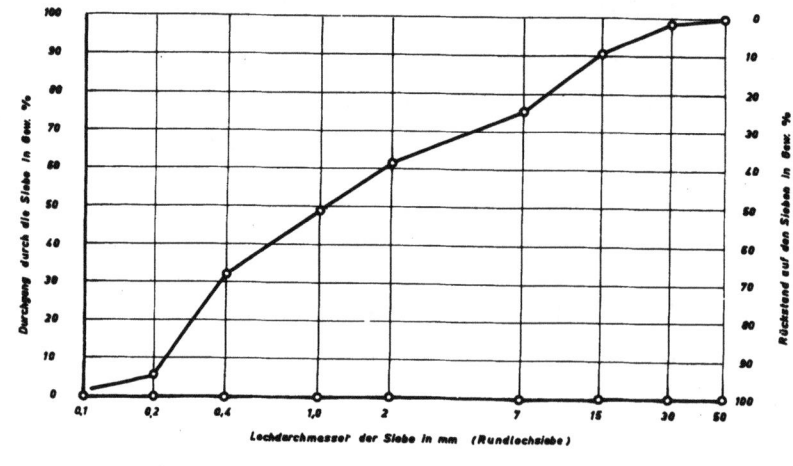

Abbildung 1

Kornzusammensetzung des Kiessandgemischs aus dem Eyller-See

Hinsichtlich seiner Verarbeitbarkeit bei Verwendung als Baustoff für eine Bodenverfestigung mit Zement ist das in Abbildung 1 in seiner Kornzusammensetzung aufgetragene Kiessandgemisch durchaus geeignet. Maßgeblich für die Verarbeitbarkeit eines Bodens sind lt. Merkblatt über die Bodenverfestigung mit Zement, Ausgabe 1956, die Siebdurchgänge durch bestimmte charakteristische Siebe. Aus Tabelle 2 ist ersichtlich, daß das Kiessandgemisch aus dem Eyller-See den Forderungen o.a. Merkblattes hinsichtlich Verarbeitbarkeit vollauf genügt.

Tabelle 2

Verarbeitbarkeit des Kiessandgemischs aus dem Eyller-See

Siebdurchmesser in mm	Durchgang in Gew.-%	
	gefordert mind.	vorhanden
60	95	100
7	45 - 50	75,3
1	15	49,0

Es ist jetzt die Frage nach dem Zementbedarf des Kiessandgemischs aus dem Eyller-See bei Beachtung der vorhandenen Kornzusammensetzung und darüber hinaus im Hinblick auf die gewünschten Festigkeitseigenschaften der Bodenverfestigung zu untersuchen.

Zu diesem Zweck ist die Sieblinie des Kiessandes aus dem Eyller-See in die Siebfläche für Betonzuschlagstoffe eingetragen, wie sie im allgemeinen für Zementbeton für straßenbauliche Zwecke zugrunde gelegt wird. (Abb.2) Betonzuschlagstoffe nach ABB.

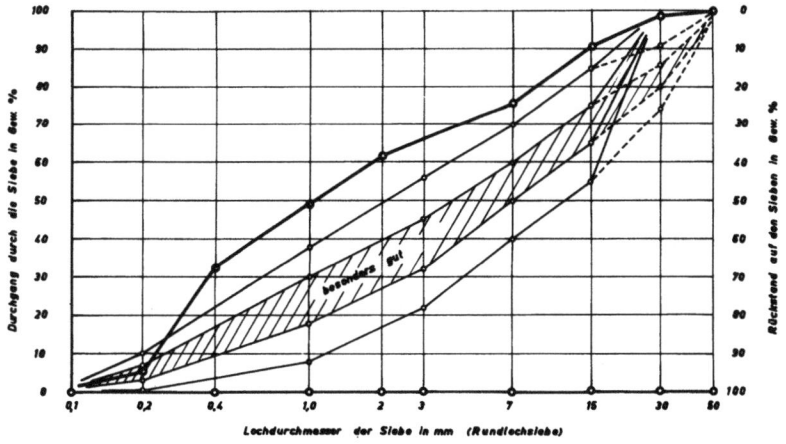

Abbildung 2

Kornzusammensetzung des Kiessandgemisches aus dem Eyller-See

Nach Abbildung 2 kann allgemein gesagt werden, daß das Kiessandgemisch relativ viel Feinsand enthält. Normale Betonfestigkeiten sind also bei der natürlichen Kornzusammensetzung des Kiessandes bei einer Zementzugabe, die im Rahmen einer Bodenverfestigung noch wirtschaftlich erscheint, nicht erzielbar, es sei denn, es wird durch Kornverbesserung eine günstigere Kornzusammensetzung des Kiessandes herbeigeführt.

Im Falle der Versuchsstrecke Aldekerk war jedoch an eine Kornverbesserung zum Zwecke der Zementersparnis nicht gedacht. Vielmehr erfolgte die Verwendung des Kiessandgemischs in natürlicher Abstufung, wie dies im allgemeinen nach dem "Mixed-In-Place-Verfahren" geschieht.

Neben der natürlichen feinen Kornabstufung des Kiessandgemischs waren bei Festlegung des Zementgehalts noch folgende Gesichtspunkte ausschlaggebend: Die ohne Bodenverfestigung ausgeführten Normalfahrbahnplatten besitzen eine Baustahlgewebeeinlage, während die Fahrbahnplatten auf Bodenverfestigung nicht mit einer solchen versehen sind. Außerdem beträgt das Maß für die Dicke bei den Normalfahrbahnplatten 22 cm gegenüber 20, 18 und 16 cm bei den Versuchsstreckenabschnitten mit Bodenverfestigung.

Die genannten Gründe, das fehlende Baustahlgewebe und die relativ geringen Deckenstärken in den Versuchstreckenabschnitten mit Bodenverfestigung führten zu der Überlegung, daß eine Bodenverfestigung im Sinne einer einfachen Bodenverbesserung mit den Festigkeitseigenschaften eines Magerbetons nicht ausreichend sei. Die Wahl des Zementgehaltes erfolgte vielmehr so, daß mit einer genügend lastverteilenden Unterlage, vor allem für die dünneren und dazu noch unbewehrten Fahrbahnplatten zu rechnen war.

Die genaue Festlegung des Mischungsverhältnisses erfolgte nach einer vor Baubeginn durchgeführten Eignungsprüfung des Kiessandgemisches, wobei Zement- und Wassergehalt zur Ermittlung eines optimalen Mischungsverhältnisses variiert wurden. Die Untersuchungen erfolgten nach dem zur Zeit der Bauausführung maßgeblichen "Vorläufigen Merkblatt für den Bau von zementverfestigten Erdstraßen".

Das Ergebnis der Untersuchungen ist in Tabelle 3 zusammengestellt.

Tabelle 3

Ergebnisse der Eignungsprüfung für die Bodenverfestigung mit Portlandzement

Lfd. Nr.	Mischungsverhältnis bezogen auf die trockene Mischmasse in Gewichtsteilen			Raumgewicht des Frischmörtels in t/m^3	Bindemittelbedarf $B=\frac{R \cdot 1000}{1+u+w}$	Druckfestigkeiten	
	Bindemittel Z	Boden u	Wasser w	R	$[kg/m^3]$	7-Tage Schnellprüfung $[kg/cm^2]$	28-Tage Normallagerung $[kg/cm^2]$
1	1	5,0	0,47	2,28	352,4	264	
2	1	6,0	0,56	2,25	297,6	178	
3	1	7,5	0,70	2,23	227,6	111	
4	1	6,0	0,47	2,25	300,5	184	
5	1	7,5	0,47	2,16	240,8	97	
6	1	8,0	0,70	2,21	227,8	76	
7	1	8,0	0,75	2,24	229,7	84	86
8	1	8,0	0,80	2,22	226,5	75	

Als ausreichend für den vorgesehenen Zweck, eine nicht zu geringe Betongüte in der fertigen Bodenverfestigung zu erzielen, wurde das Mischungsverhältnis 1:8:0,75 (Lfd.Nr.7 der Tab.3) ausgewählt. Der Zementbedarf ist bei diesem Mischungsverhältnis etwa 230 kg/m^3 fertiger Bodenverfestigung; die laboratoriumsmäßig an Würfeln der Kantenlänge 7 cm ermittelten Druckfestigkeiten betragen etwa 85 kg/cm^2. Bei Beurteilung dieser laboratoriumsmäßig ermittelten Druckfestigkeit als Maßstab für die in der Praxis zu erwartenden Festigkeiten, ist zu berücksichtigen, daß gemäß "Vorläufigem Merkblatt für den Bau von zementverfestigten Erdstraßen" diese Festigkeiten im Labor an 7 cm Würfeln ermittelt wurden, wobei die Zuschlagstoffe größer 10 mm vor Herstellung des Probebetons abgesiebt wurden. Durch diese prüftechnisch erforderliche Maßnahme wurde also bei den

Voruntersuchungen eine feinere und damit bindemittelbedürftigere Sieblinie geprüft als in der Praxis zum Einbau gelangte. Die in Tabelle 3 enthaltenen Druckfestigkeitsergebnisse können somit nur Vergleichswerte sein, die nur innerhalb der verschiedenen durchgeführten Versuchsreihen absolute Gültigkeit besitzen. In Wirklichkeit liegen die mit dem vorgeschlagenen Mischungsverhältnis erzielten Festigkeiten wesentlich höher. Nachuntersuchungen an der erhärteten Bodenverfestigung führten zu dem durchaus zufriedenstellenden Ergebnis, daß die Bodenverfestigung mit Zement im Mittel eine Druckfestigkeit von rd. $W = 205 \text{ kg/cm}^2$, an Würfeln der Kantenlänge 10 cm gemessen, aufweist, so daß also die Erwartung, eine nicht zu schwache Bodenverfestigung zu schaffen, erfüllt ist.

2. Bodenverfestigung mit Traßzement

Hinsichtlich der Eignung eines Bodens für eine Bodenverfestigung mit Traßzement gelten die gleichen Voraussetzungen wie für eine Bodenverfestigung mit reinem Zement.

Für die Bodenverfestigung mit Traßzement wurde der gleiche Boden verwendet, wie für die Zementbodenverfestigung, nämlich das natürlich abgestufte Kiessandgemisch aus dem Eyller-See, so daß also die Fragen nach der Verarbeitbarkeit und dem Bindemittelbedarf grundsätzlich keiner besonderen Erläuterung oder Untersuchung mehr bedürfen.

Besondere Beachtung und Bedeutung kommt jedoch der Anordnung einer Bodenverfestigung, bei der als Bindemittel Traßzement vorgesehen wird, deshalb zu, weil Traßzement gegenüber reinem Zement bestimmte betontechnologische Unterschiede aufweisen kann.

So ist es bekannt, daß durch ein u.U. mögliches Quellvermögen des Trasses im Verlaufe der Zeit Resthohlräume im fertigen Beton geschlossen werden können, wobei infolge der größeren Dichte des Traßzementbetons dessen Angreifbarkeit für aggressive Wässer herabgesetzt wird.

Außerdem sei auf die größere Plastizität des Frisch-Traßzementbetons und die damit verbundene leichtere Verarbeitbarkeit hingewiesen, ein Umstand, der neben dem u.U. möglichen Quellvermögen des Trasses besonders bei Herstellung einer Bodenverfestigung als vorteilhaft zu bezeichnen ist.

Die Bestimmung des genauen Bindemittelbedarfs für die Bodenverfestigung mit Traßzement konnte aus zeitlichen Gründen nicht wie bei der Bodenverfestigung mit Zement aufgrund von laboratoriumsmäßigen Voruntersuchungen ermittelt werden. Man war vielmehr auf die Erfahrung angewiesen, daß Traßzementbeton etwa die gleiche 28-Tage-Druckfestigkeit wie reiner Zementbeton besitzt, wenn je 100 Gew.-Teile Zement durch je 80 Gew.-Teile Zement und je 30 Gew.-Teile Traß ersetzt werden, wenn also die Gesamtbindemittelmenge um 10 Gew.-Teile erhöht wird. Nun besitzt der bei der Versuchsstrecke Aldekerk verwendete Regeltraßzement bei einem Mischungsverhältnis von 70 Gew.-Teilen Zement und 30 Gew.-Teilen Traß in etwa o.a. Sollzusammensetzung, so daß also die Mehrzugabe von 10 Gew.-Teilen Traßzement gleiche 28-Tage-Druckfestigkeiten ergeben müßte wie reiner Zement. In Abstimmung auf das Mischungsverhältnis der Zementbodenverfestigung von 1:8 errechnet sich das erforderliche Mischungsverhältnis für Traßzementbeton zu $\frac{1,1}{8} = \frac{1}{7,28}$. Gewählt wurde für die Traßzementverfestigung ein Mischungsverhältnis von 1:7, das entspricht einem Gesamtbindemittelbedarf von rd. 250 kg/m^3 fertiger Bodenverfestigung. Die mit diesem Mischungsverhältnis erzielten Druckfestigkeiten der erhärteten Bodenverfestigung liegen an Würfeln der Kantenlänge 10 cm gemessen im Mittel bei W = 250 kg/cm^2, so daß also auch die Traßzementverfestigung hinsichtlich der erwünschten Festigkeiten die Erwartungen erfüllt hat.

3. Bodenverfestigung mit Bitumenemulsion

Bei den Bodenverfestigungen mit bituminösen Bindemitteln handelt es sich um eine relativ junge Bauweise, welche z.Zt. der Einrichtung der Versuchsstrecke Aldekerk noch voll in der Entwicklung stand und die augenblicklich besonders hinsichtlich der verwendbaren Bodenarten noch nicht restlos erfaßt ist.

Es ist zwar gelungen, neben Sanden und Kiessanden auch teilweise bindige Böden erfolgreich bituminös zu verfestigen, jedoch scheinen der bituminösen Bodenverfestigung ähnliche Grenzen gesetzt zu sein wie den Bodenverfestigungen mit hydraulischen Bindemitteln, nämlich dann, wenn unwirtschaftlich hohe Aufbereitungskosten entstehen.

Ausgezeichnete Erfolge sind daher erzielbar, wenn es sich bei dem zu verfestigenden Boden um abgestuften Sand oder besser Kiessand handelt, da solche Böden im verdichteten Zustand wegen ihrer hohen Kornstabilität von Natur aus wesentlich zur Standfestigkeit der zu verfestigenden Schicht beitragen. Dabei wirkt sich im Gegensatz zu den Bodenverfestigungen mit hydraulischen Bindemitteln günstig aus, wenn die zu verfestigenden Böden Anteile an Feinstbestandteilen aufweisen, da diese neben einer gewissen hohlraumausfüllenden Wirkung einen versteifenden Einfluß auf das Bindemittel und somit auch auf die zu verfestigende Schicht ausüben.

Bei dem Kiessandgemisch aus dem Eyller-See handelt es sich um einen Boden, der als Kiessandgemisch grundsätzlich als gut verfestigbar zu bezeichnen ist. Nachteilig auf die Stabilität der fertigen Bodenverfestigung wirkt jedoch die schlechte Kornabstufung infolge des zu hohen Sandgehaltes, da bei derartigen Kornabstufungen wegen Verdichtungsunwilligkeit der Hohlraumgehalt relativ hoch bleibt. Des weiteren ist einschränkend zu der grundsätzlichen Eignung des Kiessandes aus dem Eyller-See festzustellen, daß er keinerlei Feinstanteile besitzt, die zur Versteifung des Bindemittels und damit zur Stabilitätserhöhung der bodenverfestigten Schicht beitragen würden.

Es ist zu folgern, daß eine Kornverbesserung des Kiessandes aus dem Eyller-See auch bei Anwendung einer bituminösen Verfestigungsart zu gesteigerten Stabilitätseigenschaften der verfestigten Schicht führt. Im Fall der Anwendung ist jedoch zu untersuchen, ob die mit Hilfe der Kornverbesserung erzielte Stabilitätssteigerung erforderlich ist, und ob wirtschaftliche Grenzen daher nicht überschritten werden.

Bei der Versuchsstrecke Aldekerk wurde bewußt auf eine entsprechende Bodenverbesserung verzichtet, um die technische Auswirkung einer bituminösen Bodenverfestigung zu erproben, wie sie im Großbau nach dem "Mixed-In-Place-Verfahren" in einfachster Form hergestellt wird.

Neben der Art des zu verfestigenden Bodens und neben dessen Kornabstufung sind von äußerster Wichtigkeit für das Gelingen einer bituminösen Bodenverfestigung die Art und die Menge des verwendeten Bindemittels. Art und Menge des verwendeten Bindemittels sind nämlich von erheblichem Einfluß auf die Stabilität der zu verfestigenden Schicht.

Außerdem sind noch einbautechnische Gesichtspunkte, die Mischbarkeit des Bindemittels mit dem zu verfestigenden Boden und die Abbindezeiten von ausschlaggebender Bedeutung für die Wahl von Bindemittelart und -menge.

So dürfte es ein Grundsatz sein, daß man möglichst das härteste Bindemittel wählt, das bei Wahrung wirtschaftlicher Gesichtspunkte hinsichtlich Arbeitsaufwand beim Mischvorgang noch gerade eingebaut werden kann, da die härteren Bindemittel vermöge ihrer größeren Zähigkeit der Verfestigung die größere Stabilität verleihen.

Die Bindemittelmenge darf weder zu niedrig noch zu hoch bemessen sein. Zu geringe Bindemittelgehalte führen nicht zu dem im Sinne einer Bodenverfestigung notwendigen Verkleben der einzelnen Bodenteilchen und Körner, wodurch eine Kornumlagerung unter dem Verkehr verhindert werden soll und wodurch vermöge der Kohäsion des Bindemittels der zu verfestigenden Schicht eine wirkungsvolle Stabilitätssteigerung zuteil werden soll. Gleichermaßen wirken sich zu hohe Bindemittelgehalte deshalb ungünstig aus, weil überschüssiges Bindemittel schmiert und die innere Reibung des Mineralgerüstes herabsetzt.

Für die bituminöse Bodenverfestigung der Versuchsstrecke Aldekerk erfolgte die Wahl der Bindemittelmenge und der Bindemittelart aufgrund von vor Baubeginn durchgeführten Eignungsprüfungen an im Maßstab 1:1 hergestellten Proben. Die Beobachtung und Beurteilung der durchgeführten Versuche erfolgte mit Ausrichtung auf die Mischbarkeit der verwendeten Bindemittel mit dem naturfeuchten Kiessand, wobei gleichzeitig die Standfestigkeit des verdichteten bituminösen Mischguts in Verbindung mit der erforderlichen Abbindezeit in die Untersuchungsergebnisse aufgenommen wurde.

Bei den angesetzten Versuchen handelt es sich um die Eignungsprüfung von stabilen, halbstabilen und unstabilen Bitumenemulsionen, wobei das Kiessandgemisch in naturfeuchtem Zustand zur Verwendung kam. Außerdem erfolgte noch die Prüfung eines Heißbitumens B 300, wobei allerdings dem naturfeuchten Kiessand 10 Gew.-% Kalksteinmehl zugegeben werden mußte. Der Vorteil der Verwendung eines Heißbitumens B 300 war aus arbeitstechnischen Gründen in der nach einem Tag eingetretenen Standfestigkeit der verfestigten Probe zu erblicken. Nachteilig wirkte jedoch im Hinblick auf einen wirtschaftlichen Großeinbau die erforderliche Zugabe von 10 Gew.-% Kalksteinmehl zur Erzielung einer annehmbaren Mischbarkeit, so daß auf die Verwendung von B 300 verzichtet werden mußte.

Gleichfalls unbefriedigende Resultate zeigten die Versuche mit stabilen Emulsionen wegen zu langer Abbindezeit und die Versuche mit unstabilen Emulsionen wegen des zu frühen Brechens.

Günstigere Ergebnisse erbrachten die Versuche mit der halbstabilen Bitumenemulsion E 55. Bei einer Bindemittelzugabe von 13 kg/m^2 der 10 cm dicken Verfestigungsschicht ergab sich neben guter Mischbarkeit eine noch zufriedenstellende Abbindezeit bis zur Standfestigkeit der verfestigten Schicht von 7 Tagen. Aufgrund dieses Ergebnisses wurde für die bituminöse Bodenverfestigung eine Bindemittelzugabe von 13 kg Bitumenemulsion E 55 je m^2 Bodenverfestigung, das sind etwa 3,8 Gew.-% reines Bindemittel, zum Einbau gebracht.

Laboratoriumsmäßige Nachuntersuchungen nach Fertigstellung der bituminösen Bodenverfestigung haben ergeben, daß die in Wirklichkeit eingebaute Bindemittelmenge i.M. 4,1 Gew.-% beträgt.

4. Mechanische Bodenverfestigung

Bei der mechanischen Bodenverfestigung handelt es sich um eine Bauweise, bei der im Gegensatz zu den übrigen Verfestigungsarbeiten auf die Zugabe von Bindemitteln verzichtet wird. Die Tragfähigkeit einer mechanischen Bodenverfestigung beruht in erster Linie auf deren Dichte, so daß nur gut abgestufte Bodengemische zur Verwendung kommen dürfen.

Ausgezeichnete Erfolge werden im allgemeinen erreicht mit Gemischen aus Sand und Kies oder aus Sand und gebrochenem Gesteinsmaterial, da derartige Gemische bei guter Kornabstufung infolge ihrer hohen Reibung optimale Standfestigkeiten ergeben.

Von Vorteil erweist sich u.U. das Vorhandensein bindiger Anteile wie Ton oder auch Lehm, da diese durch Entwicklung kohäsiver Eigenschaften nicht unwesentlich die Tragfähigkeit mechanischer Bodenverfestigungen zu steigern vermögen. Der angedeutete Vorteil ist allerdings nur dann gegeben, wenn die verfestigte Schicht sowohl von oben als auch von unten gegen Wasser und Frost in Verbindung mit Wasser abgesiegelt werden kann, so daß die bindigen Anteile nicht aufweichen können und nunmehr nicht mehr stabilisierend sondern schmierend wirken würden.

Nun handelt es sich bei der im Rahmen der Versuchsstrecke Aldekerk ausgeführten mechanischen Bodenverfestigung um eine Art Tragschicht, die nach oben durch die aufliegenden Fahrbahnplatten und nach unten durch eine Frostschutzschicht gegen Wasser und jegliche Witterungseinflüsse gesichert ist, so daß also die Möglichkeiten der mechanischen Bodenverfestigung, insbesondere die Zugabe bindiger Anteile ausgenutzt werden konnten.

Als Ausgangsbaustoff zur Herstellung eines brauchbaren Bodengemischs wurde der Kiessand aus dem Eyller-See benutzt. Die natürliche Kornzusammensetzung dieses Kiessandes ist noch einmal in Tabelle 4 zusammengestellt und in Abbildung 3 in der Siebfläche für mechanisch verfestigte Tragschichten mit sehr guter Kornabstufung dargestellt.

Tabelle 4

Siebdurchmesser nach DIN 1170/71	50	30	15	7	2	1	0,4	0,2	0,06
Durchgang in Gew-%	100,0	98,6	90,7	75,3	61,7	49,0	32,7	5,3	0,2

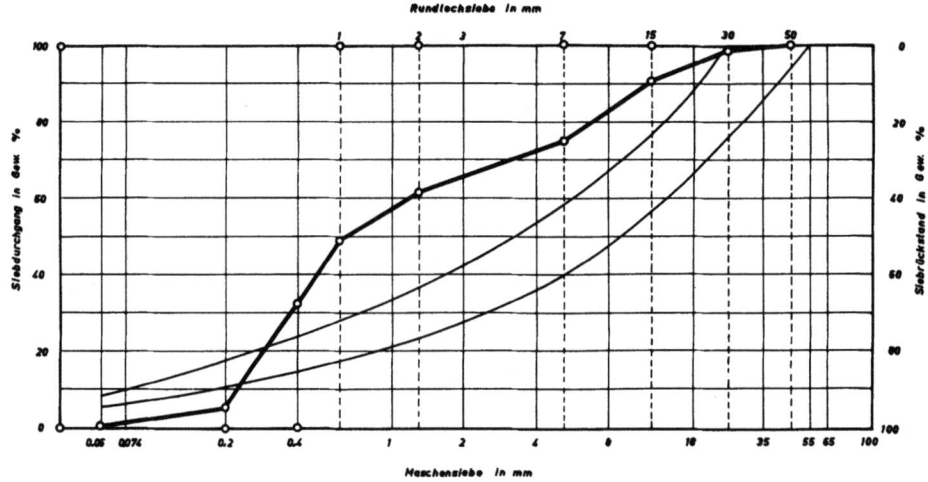

Abbildung 3

Kornzusammensetzung des Kiessandgemischs aus dem Eyller-See

Die graphische Auftragung der Abbildung 3 zeigt, daß eine Eignung des natürlich abgestuften Kiessandes aus dem Eyller-See zur Herstellung einer mechanisch verfestigten Tragschicht nicht gegeben ist. Der natürlich abgestufte Kiessand enthält zu viel Sand, so daß eine dichte Lagerung, wie sie für eine mechanisch verfestigte Tragschicht unbedingt erforderlich ist, nicht zu erzielen ist. Des weiteren fehlen jegliche bindigen Anteile, welche durch Entwicklung kohäsiver Eigenschaften die Tragfähigkeit der Verfestigung steigern könnten.

Zur Erzielung einer technisch vertretbaren Lösung erfolgte aufgrund laboratoriumsmäßiger Untersuchungen eine Verbesserung des Kiessandes aus dem Eyller-See durch Zusatz von Kieskorn 7/30, das aus dem Kiessand des Eyller-Sees gewonnen wurde. Außerdem wurde durch Zusatz von Ton aus einem Vorkommen bei Schermbeck für einen entsprechenden Anteil bindiger Substanz Sorge getragen. Die laboratoriumsmäßigen Untersuchungen zeigten, daß ein durchaus befriedigendes Bodengemisch gegeben ist, wenn folgendes Mischungsverhältnis eingehalten wird:

45 Gew.-% Kiessand aus dem Eyller-See in natürlicher Abstufung,
45 Gew.-% Kieskorn 7/30 aus dem Eyller-See,
10 Gew.-% Ton aus Schermbeck.

Die sich bei diesem Mischungsverhältnis ergebende Kornzusammensetzung ist in Tabelle 5 zahlenmäßig zusammengestellt und in Abbildung 4 graphisch aufgetragen in der Siebfläche für mechanisch zu verfestigende Tragschichten bei sehr guter Kornzusammensetzung.

Tabelle 5

Siebdurchmesser nach DIN 1170/71	30	15	7	2	0,4	0,2	0,06
Durchgang in Gew.-%	96,4	71,4	43,1	37,6	24,4	12,0	7,2

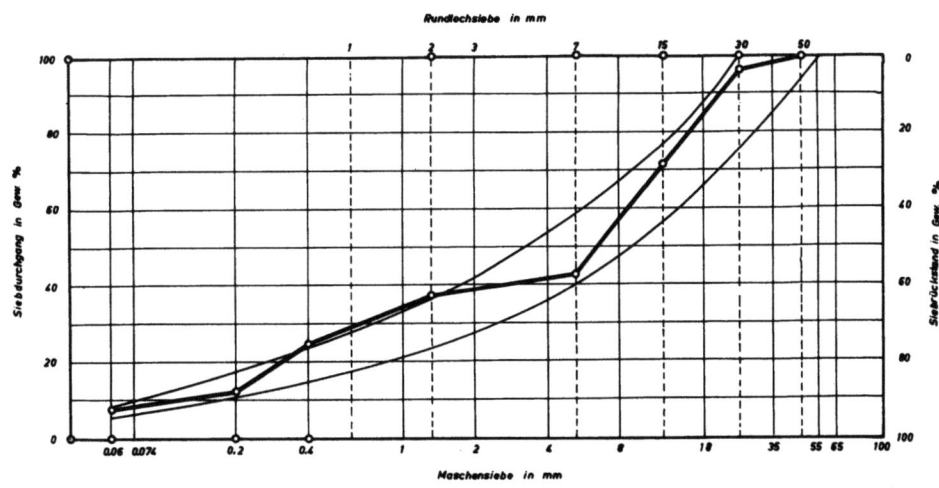

Abbildung 4

Verbesserte Kornzusammensetzung des Kiessandgemischs aus dem Eyller-See

Abbildung 4 zeigt, daß der nach o.a. Mischungsverhältnis verbesserte Kiessand eine gute Kornabstufung für mechanisch zu verfestigende Tragschichten besitzt.

Nun ist bei Beurteilung eines Bodengemischs, das mechanisch verfestigt werden soll, nicht nur allein dessen Gesamtkornzusammensetzung maßgeblich, darüber hinaus ist auch die genaue Kenntnis der Eigenschaften der Feinstanteile von Wichtigkeit, insbesondere deren Verhalten in Verbindung mit Wasser. Da diese Eigenschaften nicht unbedingt eine Funktion der Korngröße zu sein brauchen, erfolgte die Beurteilung der Feinstanteile nicht über deren Sieblinie sondern über Fließgrenze und Plastizitätszahl sowie über das Staubverhältnis.

Die Ergebnisse der entsprechenden Untersuchungen für das verbesserte Kiessandgemisch sind in Tabelle 6 zusammengestellt und den Richtwerten der "Anleitung für den Bau und die Unterhaltung mechanisch verfestigter Trag- und Verschleißschichten" gegenübergestellt.

Tabelle 6

Plastizitätseigenschaften und Staubverhältnis des verbesserten Kiessandgemischs

Art der Prüfung	Verbessertes Kiessandgemisch	Richtwerte
Fließgrenze	17,50	< 25
Rollgrenze	11,32	-
Plastizitätszahl	5,98	0 - 6
Staubverhältnis	0,30	< 0,6

Tabelle 6 zeigt, daß die geforderten Richtwerte für Fließgrenze, Plastizitätszahl und Staubverhältnis eingehalten sind.

Es ist somit zusammenfassend festzustellen, daß das zum Einbau vorgeschlagene Bodengemisch aus

    45 Gew.-% Kiessand aus dem Eyller-See in natürlicher Abstufung,

    45 Gew.-% Kieskorn 7/30 aus dem Eyller-See,

    10 Gew.-% Ton aus dem Vorkommen Schermbeck

als durchaus befriedigend bezeichnet werden kann bei Verwendung als Baustoff für mechanisch verfestigte Tragschichten.

Tabelle 7 und Abbildung 5 enthalten das Ergebnis einer Nachuntersuchung an der fertiggestellten mechanisch verfestigten Tragschicht.

Tabelle 7

Siebdurchmesser nach DIN 1170/71	30	15	7	2	0,4	0,2	0,06
Durchgang in Gew.-%	96,4	71,6	42,9	37,5	25,0	12,2	7,3

Abbildung 5 zeigt, daß die vorgeschlagene Sollzusammensetzung im wesentlichen bei der praktischen Durchführung eingehalten werden konnte, so daß unter Voraussetzung sachgemäßer Verdichtungsarbeiten bei Durchführung der Bauarbeiten mit einer für mechanisch verfestigte Tragschichten optimalen Tragfähigkeit zu rechnen ist.

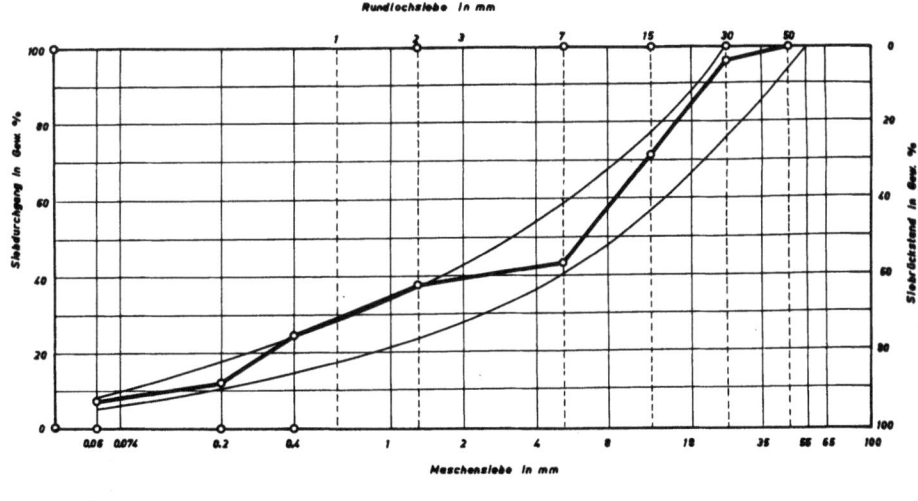

Abbildung 5

Kornzusammensetzung des zum Einbau gelangten Bodengemischs

5. Zusammenfassung

Bei rückblickender Betrachtung des vorliegenden Kapitels ist festzustellen, daß im wesentlichen Aufschluß darüber gegeben wird, in welcher Form das Kiessandgemisch aus dem Eyller-See als Ausgangsbaustoff im Rahmen der verschiedenen Bodenverfestigungsarten zur Verwendung kam.

In jedem Falle wurde sorgfältig die Frage geprüft, ob der zur Verfügung stehende Kiessand in natürlicher Abstufung zum Einbau gelangen konnte, oder ob zur Erzielung gewünschter Tragfähigkeiten eine Bodenverbessrrung erforderlich war. Im Hinblick auf eine zügige, großflächige Einbaumethode bei praktischer Anwendung der Bodenverfestigung, wurde dabei der Grundsatz befolgt, den zur Verfügung stehenden Kiessand möglichst unverbessert zu stabilisieren.

Bei zusammenfassender Diskussion vorstehender Untersuchungsergebnisse ist nun zu unterscheiden zwischen den Verfestigungsarten, bei denen Bindemittel eine nicht zu unterschätzende Komponente hinsichtlich der zu erwartenden Tragfähigkeiten darstellt, und der mechanischen Bodenverfestigung, bei der mögliche Tragfähigkeiten alleinig im Aufbau des Bodengemischs selbst begründet sind.

Es wurde festgestellt, daß der Kiessand aus dem Eyller-See für den Zweck einer mechanischen Bodenverfestigung in natürlicher Abstufung ungeeignet ist. Es ergab sich somit die Notwendigkeit, eine entsprechende Bodenverbesserung vorzunehmen, um eine technisch optimale Lösung zu garantieren. Für den praktischen Großeinbau bedeutet dies, daß eine Kostenersparnis aufgrund eingeschränkter Verbesserungsmaßnahmen nur im Zusammenhang mit einer technisch geringeren Qualität der verfestigten Schicht zu sehen ist.

Ein grundsätzlich anderes Bild zeigt sich bei Betrachtung der Untersuchungsergebnisse für die Bodenverfestigungen mit Bindemittelzusatz. Es konnte nachgewiesen werden, daß der Kiessand aus dem Eyller-See in natürlicher Abstufung sowohl für die Verfestigungen mit hydraulischen Bindemitteln als auch mit bituminösen Bindemitteln ohne weiteres Verwendung finden kann; allerdings - und dies gilt insbesondere für die hydraulischen Verfestigungen - wurden gewünschte Festigkeitseigenschaften erst aufgrund relativ hoher Bindemittelzusätze erreicht.

Es steht somit die Frage offen, ob durch entsprechende Bodenverbesserung, soweit dies selbst bei großflächiger Anwendung des "Mixed-In-Place-Verfahrens" noch möglich ist, eine wirtschaftlichere Lösung durch Einsparen von Bindemitteln zu finden ist, ohne die Tragfähigkeitseigenschaften der Verfestigung zu beeinträchtigen.

Zur Klärung dieser Frage angesetzte laboratoriumsmäßige Untersuchungen führten zu dem Ergebnis, daß Tonzugabe zur Verbesserung des Feinstbereichs des Kiessandes aus dem Eyller-See nicht den gewünschten Erfolg verspricht, daß jedoch die Zugabe von Kieskorn im vorliegenden Fall das Einsparen von Bindemitteln unbedingt erlaubt.

Inwieweit allerdings die Verbesserung des anstehenden Kiessandes durch Zugabe von Kieskorn bei gleichzeitiger Bindemittelersparnis in wirtschaftlicher Schau einen Vorteil bringt, ist nur über eine entsprechende Gesamtkostenzusammenstellung zu ermitteln, wobei dann neben den oben angedeuteten technischen Möglichkeiten auch rein kaufmännische Gesichtspunkte wie z.B. billige Beschaffung von Zusatzkörnungen, Frachtsätze usw., zu beachten sind.

IV. Auswertung der Meßergebnisse im Betondeckenteil

1. Deckenaufbau und Meßvorrichtungen

Wie bereits im Abschnitt II dieses Berichtes beschrieben, erstreckt sich der Betondeckenteil der Versuchsstrecke Aldekerk von km 2^{+700} bis km 3^{+150} der B 60 und besteht aus fünf Teilabschnitten von jeweils 90 m Länge (Abb.1, Anl.2).

Bei diesen fünf Teilabschnitten handelt es sich um 90 m normalen Betondeckenaufbaus von 22 cm Stärke mit Baustahlgewebeeinlage und 360 m Versuchsstrecke mit vier Bodenverfestigungsarten, die sich wie folgt an die Normaldeckenausführung anschließt:

1) Deckenabschnitt mit Portland-Zement-Bodenverfestigung von km 3^{+060} bis km 2^{+970},

2) Deckenabschnitt mit Traß-Zement-Bodenverfestigung von km 2^{+970} bis km 2^{+880},

3) Deckenabschnitt mit bituminöser Bodenverfestigung von km 2^{+880} bis km 2^{+790},

4) Deckenabschnitt mit mechanischer Bodenverfestigung von km 2^{+790} bis km 2^{+700}.

Die Dicke der bodenverfestigten Schicht beträgt bei allen Teilabschnitten 10 cm. Der Oberbeton, der auf den Bodenverfestigungen aufliegenden Fahrbahnplatten besitzt eine gleichbleibende Dicke von 7 cm. Der Unterbeton der Fahrbahnplatten, der im Normaldeckenteil eine Dicke von 15 cm aufweist, ist innerhalb der bodenverfestigten Teilabschnitte auf 13, 11 und 9 cm verringert.

Zur Beobachtung der Bewegungen der Fahrbahnplatten im Zusammenwirken mit den zugehörigen Bodenverfestigungen und auch in Abhängigkeit von den jeweiligen Untergrundverhältnissen wurden folgende Maßnahmen getroffen:

1. Alle Versuchsfelder von Feld 635 bis Feld 723 mit Ausnahme von neun Feldern im Normaldeckenteil wurden an den vier Ecken mit Meßbolzen zur Höhenmessung versehen. Über diese Meßbolzen konnten mittels Nivellement die Bewegungen der Fahrbahnplatten an den vier Ecken in ihrem zeitlichen Verlauf festgehalten werden durch Bezug ihrer von Messung zu Messung unterschiedlichen Höhenlage auf Festpunkte, welche längs der Versuchsstrecke in den festen Untergrund einbetoniert sind.

2. Ungefähr in der Mitte der Fahrbahnplatten der Fahrtrichtung Aldekerk – Wachtendonk wurden zur Beobachtung des Untergrunds Tellergeräte eingebaut (Abb.6). Diese Tellergeräte bestehen im Prinzip aus:

    a) Kreisrunden Blechscheiben (Teller), die senkrecht untereinander in unterschiedlicher Tiefe in den Untergrund eingebaut sind, so daß sie dessen Bewegungen zwangsläufig folgen müssen.

    b) Stahlrohren, die in der Mitte der Blechscheiben aufgeschweißt sind und die teleskopartig übereinandergeschoben, gegeneinander frei beweglich, die Bewegungen der Teller und somit des Untergrundes in Höhe der Fahrbahnplatten übertragen.

c) Einem in die Fahrbahnplatten fest einbetonierten Stahlring, auf den die Bewegungen der Teller mittels einer Tastuhr bezogen werden, und dessen absolute Höhenlage wie bei den Meßbolzen mittels Nivellement festgehalten wurde.

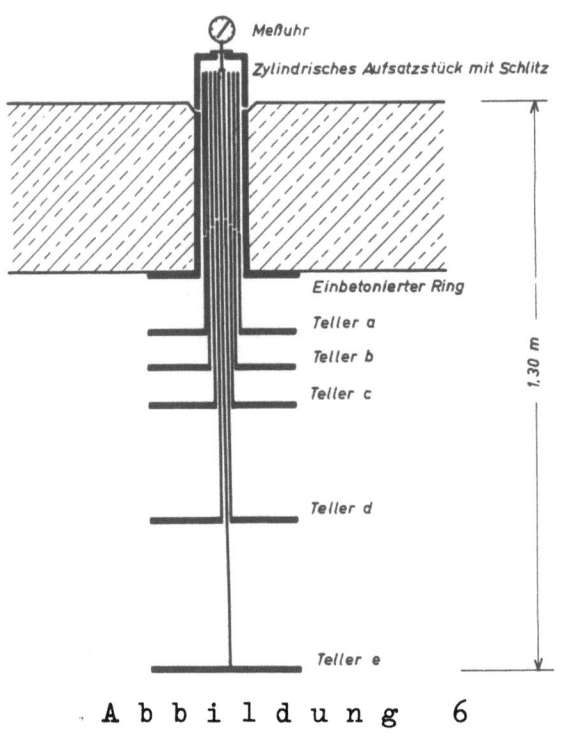

Abbildung 6

Tellermeßgerät

3. Zu jeder durchgeführten Messung erfolgte die Aufnahme von nach Augenschein erkennbaren Rißbildungen und Eckbrüchen in den Fahrbahnplatten.

Die mit oben beschriebenen Meßeinrichtungen möglichen Messungen sowie die zugehörige Aufnahme der Rißbildungen und Eckbrüche kamen insgesamt achtmal zur Ausführung. Die erste Messung erfolgte unmittelbar vor Verkehrsübergabe im Frühjahr 1954. Die Wiederholungsmessungen erfolgten dann halbjährlich bis zum Herbst 1956 und anschließend jährlich bis zum Herbst 1958.

Im Hinblick auf die Aufgabenstellung vorliegenden Forschungsberichtes, die technische Auswirkung der angewandten Bodenverfestigungen auf den Unterbau bzw. auf die Betonfahrbahnplatten zu untersuchen, erfolgt nunmehr in den folgenden Abschnitten die Auswertung und Diskussion der vorliegenden Meß- und Beobachtungsergebnisse.

Bei Lösung der gestellten Aufgabe ist davon auszugehen, daß im wesentlichen die Haltbarkeit der Betonfahrbahnplatten im Zusammenwirken mit den zugehörigen Bodenverfestigungen zu erfassen ist, wobei die Einflüsse aus dem Verkehr und aus dem Untergrund mit zu berücksichtigen sind. Nun ist ein Kriterium für die Haltbarkeit einer Straßenkonstruktion die Ebenheit deren Oberfläche bzw. die Änderung dieser Ebenheit im Verlaufe der Zeit unter dem Verkehr. Ein Maß für die Änderung der Ebenheit der Betonfahrbahnplatten und somit ein Maß für deren Haltbarkeit, sind die Verformungen der Fahrbahnplatten, welche im folgenden Abschnitt für die jeweiligen Messungen bestimmt werden.

2. Verformungen der Fahrbahnplatten

Bei der Ermittlung der Verformungen der Fahrbahnplatten wird von folgenden Überlegungen ausgegangen:

Die Verformung eines einachsigen Tragwerks, eines Balkens, wird dargestellt durch die Biegelinie, die sich unter Belastung einstellt. Dabei ist ein charakteristischer Wert die Durchbiegung des Balkens in der Mitte. Bei einer Platte ist nun die für einachsiale Tragwerke maßgebliche Theorie flächenhaft anzuwenden. Eine Möglichkeit, in der vorliegenden Untersuchung die Verformung einer Fahrbahnplatte darzustellen, ist die mittlere Durchbiegung in bezug auf die Plattenenden an einigen charakteristischen Schnitten durch die Platte.

Für eine derartige Ermittlung der Plattenverformung können, wie dies aus Abbildung 7a hervorgeht, nur diejenigen Fahrbahnplatten herangezogen werden, welche an den Ecken über die Bolzen und in der Mitte über den einbetonierten Ring mittels Nivellement höhenmäßig aufgenommen wurden.

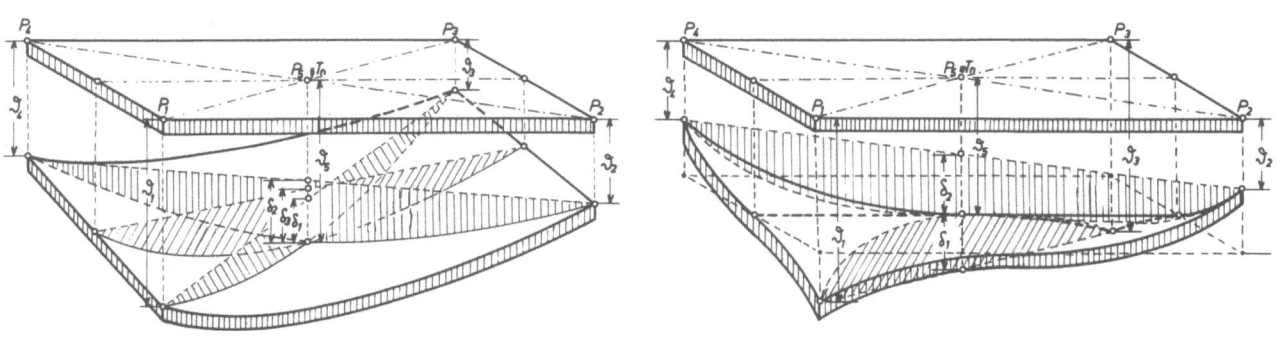

Abbildung 7a und 7b

Verformungen der Fahrbahnplatten

Es kommen in den folgenden Untersuchungen also nur die Fahrbahnplatten der Fahrtrichtung Aldekerk - Wachtendonk zur Auswertung, da diese sowohl mit Bolzen an den Ecken als auch mit einem Ring in der Mitte versehen sind. Nach Abbildung 7 sind die Durchbiegungen in den drei gewählten, charakteristischen Schnitten bestimmbar nach den Formeln:

$$\delta_1 = \vartheta_5 - \frac{\vartheta_1 + \vartheta_3}{2}$$

$$\delta_2 = \vartheta_5 - \frac{\vartheta_2 + \vartheta_4}{2}$$

$$\delta_3 = \vartheta_5 - \frac{\vartheta_1 + \vartheta_2 + \vartheta_3 + \vartheta_4}{4}$$

wobei die ϑ-Werte die Verschiebungen der Bolzen bzw. des Ringes von der Anfangsmessung bis zu der jeweilig späteren Wiederholungsmessung bedeuten (Tab. 1 bis 5, Anl.4), so daß also die errechneten Verformungswerte etwas aussagen über die Verformung der Fahrbahnplatten seit der Anfangsmessung bis zur jeweiligen Wiederholungsmessung.

Nun ist aus Abbildung 7b ersichtlich, daß bei Ermittlung der Plattenverformungen als Mittel aus den Einzeldurchbiegungen diese in ihrem Absolutmaß zu addieren sind, da andernfalls u.U. verdrehte - also gleichfalls verformte - Fahrbahnplatten den Verformungswert 0 erhalten würden. Somit ergibt sich als Ausdruck für die Plattenverformungen:

$$\frac{\Sigma |\delta_n|}{3} = \frac{|\delta_1| + |\delta_2| + |\delta_3|}{3}$$

Nach vorstehender Formel wurde für jede Fahrbahnplatte zu jeder Wiederholungsmessung ein Verformungswert berechnet (Tab. 1 bis 3, Anl.5).

3. Auswertung der Plattenverformungswerte ohne Berücksichtigung der Untergrundverhältnisse

Bei Beurteilung und Auswertung der errechneten Plattenverformungswerte ist zu berücksichtigen, daß deren Größenordnung abhängig ist

a) von Größenordnung und Dauer der Verkehrsbelastung,
b) von der Dicke der Fahrbahnplatten und der Dicke der Bodenverfestigungen sowie der Art und Güte der verwendeten Baustoffe,
c) von den Untergrundsverhältnissen.

Im Rahmen vorliegenden Forschungsberichts ist die Aufgabe gestellt, die Auswirkung von verschiedenen Bodenverfestigungen auf die Haltbarkeit von unbewehrten Betonfahrbahnplatten abgestufter Dicke zu untersuchen. Für eine derartige Untersuchung sind Größenordnung und Dauer des Verkehrs insofern von Wichtigkeit, als das Verhalten der in vorliegendem Falle angewandten Bodenverfestigungsarten in folgender Art verschieden sein könnte: Es besteht die Möglichkeit, daß die Bodenverfestigungen mit hydraulischen Bindemitteln und die mechanische Bodenverfestigung bei hinreichender Anfangsfestigkeit im Laufe der Zeit, d.h. infolge der Verkehrsbelastung nach Anzahl und Schwere, durch Brüche und Risse ihre lastverteilende Wirkung verlieren. Andererseits könnte man sich hinsichtlich der bituminösen Bodenverfestigung vorstellen, daß diese bei anfänglich geringeren Stabilitätseigenschaften durch Nachkompression unter dem Verkehr im Verlaufe der Zeit ihre Tragfähigkeit erhöht, wie dies im Prinzip in Abbildung 8 gezeigt wird.

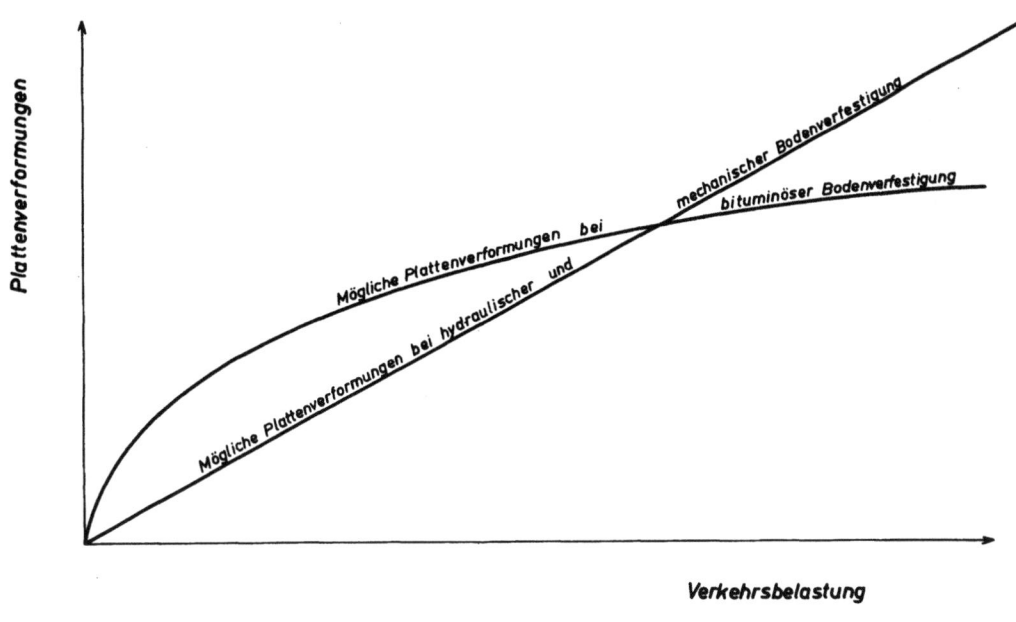

Abbildung 8

Mögliche Plattenverformungen in Abhängigkeit von der Art der Bodenverfestigung und der Verkehrsbelastung

Zur Untersuchung der aufgeworfenen Fragen sind die mittleren Plattenverformungswerte getrennt für die normalen Fahrbahnplatten und die Fahrbahnplatten mit Bodenverfestigung in Abbildung 1, Anl.6 in Abhängigkeit von der Zeit aufgetragen. Abbildung 1, Anlage 6 zeigt, daß bislang in keinem Fall eine wie oben geschilderte, unterschiedliche Haltbarkeit der einzelnen Deckenkonstruktionen unter Verkehrslast festzustellen ist. Vielmehr ist in allen Fällen eine einheitliche Tendenz erkennbar, nämlich relativ große Anfangsverformungen, die im Verlaufe der Zeit keine wesentlichen Änderungen erfahren.

Diese Feststellung läßt eine Betrachtung der Haltbarkeit der verschiedenen Deckenkonstruktionen in Abhängigkeit von der Zeit und somit der Verkehrsbelastung überflüssig werden.

Als Wertmaßstab für die Haltbarkeit der einzelnen Deckenkonstruktionen können somit die mittleren Plattenverformungen zu allen Wiederholungsmessungen in Ansatz gebracht werden, wobei verfahrenstechnisch der Vorteil entsteht, daß bei der nunmehr zur Verfügung stehenden großen Anzahl von Einzelwerten zur Mittelwertbildung Streuwerte weniger verfälschend auf das Endergebnis ins Gewicht fallen.

Das Ergebnis der gemittelten Plattenverformungen ist gesondert für die Normaldeckenausführung und für die Versuchsstreckenabschnitte mit Bodenverfestigungen in Tabelle 1, Anl. 7 zusammengefaßt. Spalte 4 der Tabelle 1, Anl.7 enthält die mittleren Plattenverformungen in ihrem absoluten Maßstab in mm. In Spalte 5 der Tabelle 1, Anl.7 sind die gleichen Ergebnisse in % ausgedrückt, wobei das Ergebnis der Normaldeckenteile als Bezugswert gleich 100 % gesetzt ist. Die graphische Auftragung der Spalte 5, Tabelle 1, Anl.7 ist in Abbildung 9 dargestellt.

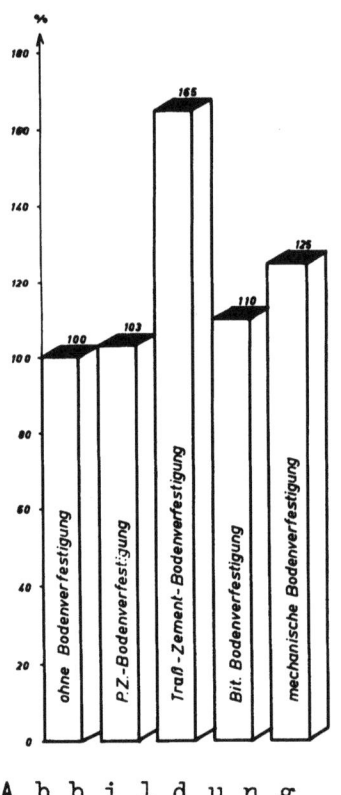

A b b i l d u n g 9

Verformungen der Fahrbahnplatten $\frac{\Sigma |\delta_n|}{3}$ ohne Berücksichtigung der Untergrundverhältnisse

Abbildung 9 zeigt, daß die Fahrbahnplatten der Versuchsstreckenabschnitte mit Zement- und bituminöser Bodenverfestigung bei Verformungswerten von 103 und 110 % nur geringfügig mehr verformt worden sind als im Normaldeckenteil. Stärker sind jedoch die berechneten Verformungen im Bereich der mechanischen Bodenverfestigung mit einem Verformungswert von 125 % und am größten im Bereich der Traßzementbodenverfestigung bei einem Verformungswert, der um 65 % höher liegt als im Normaldeckenteil.

Das aufgezeigte Ergebnis wird in seiner Tendenz bestätigt durch den Befund der Versuchsstrecke nach Augenschein, nämlich durch die offensichtlichen Deckenschäden in Form von Rißbildungen und Brüchen an den Ecken der Fahrbahnplatten. Das Ergebnis des Befunds nach Augenschein ist in Tabelle 8 zusammengefaßt, und zwar getrennt für die Art der Deckenkonstruktionen und für die Art der Deckenschäden.

Tabelle 8
Rißbildungen und Eckbrüche

Art der Bodenverfestigung	Anzahl der Rißbildungen	Anzahl der Eckbrüche
ohne Bodenverfestigung	1	-
Bodenverfestigung mit Portland-Zement	5,5	5
Bodenverfestigung mit Traßzement	12,5	10
bituminöse Bodenverfestigung	6	1
mechanische Bodenverfestigung	9	2

Laut Tabelle 8 weist der Normaldeckenteil mit nur einer Rißbildung die weitaus geringsten Deckenschäden nach Augenschein auf. Dieses Ergebnis kann allerdings nicht ohne Einschränkung mit den Ergebnissen der übrigen Versuchsstreckenabschnitte in Beziehung gebracht werden, da die im Normaldeckenteil vorhandene Baustahlgewebeeinlage das Sichtbarwerden evtl. vorhandener Risse und Eckbrüche beeinträchtigt. Deutlicher ist jedoch der Befund in den Bereichen der Bodenverfestigungen. Während im Bereich der Bodenverfestigungen mit Portland-Zement und Bitumen die geringeren Deckenschäden zu verzeichnen sind, steigen diese im Versuchsstreckenabschnitt mit mechanischer Bodenverfestigung und erscheinen am zahlreichsten im Bereich der Traß-Zement-Bodenverfestigung.

Es ist somit festzustellen, daß die Berechnungen über die eingetretenen Plattenverformungen übereinstimmen mit dem augenscheinlichen Befund der Versuchsstrecke aufgrund der Rißbildungen und der Brüche an den Ecken der Fahrbahnplatten, d.h. in der Tendenz ist die Bestätigung dafür erbracht, daß die zur Berechnung der Plattenverformungen angesetzten Formeln die tatsächlichen Gegebenheiten erfassen.

4. Einfluß des Untergrundes auf die Verformungen der Fahrbahnplatten

Nun erlaubt das bislang entwickelte Bild über das Verhalten der einzelnen Deckenkonstruktionen kein eindeutiges Urteil über die evtl. unterschiedlichen Tragfähigkeitseigenschaften der einen oder anderen Deckenbaukonstruktion, da eine entscheidende Komponente für die eingetretenen Plattenverformungen noch nicht in die Betrachtungen einbezogen wurde, nämlich die jeweiligen Untergrundsverhältnisse.

Zur Erfassung dieser Untergrundsverhältnisse und deren Einwirkung auf die Haltbarkeit der angeführten Deckenkonstruktionen erfolgte der Einbau der eingangs beschriebenen Tellergeräte.

Zu allen Messungen wurden mit Hilfe dieser Tellermeßgeräte die Bewegungen des Untergrundes in bezug auf einen in die Fahrbahnplatte fest einbetonierten Ring aufgenommen, und zwar bis zu einer Gesamttiefe von 1,30 m von Oberkante Fahrbahn aus gemessen (Tab.1 bis 5, Anl.8).

Außerdem erfolgte die Feststellung der Absolutbewegung des Ringes und somit die Gesamtbewegung des Untergrundes unmittelbar unter dem Ring durch Nivellement (Anl.4, Tab.1 bis 5).

Es ist nun die Frage zu klären, ob die Ergebnisse der Tellermessungen ausreichen, um den Einfluß des Untergrundes auf die Plattenverformungen zu erfassen, oder ob eine bessere Abhängigkeit besteht zwischen den Gesamtbodenbewegungen und den Plattenverformungen.

Im Rahmen dieser Fragestellung sei zunächst untersucht, ob eine Abhängigkeit besteht zwischen den Gesamtbodenbewegungen und den durch die Tellergeräte erfaßten Bodenbewegungen. Zu diesem Zweck sind in den Abbildungen 1 bis 45, Anl.9 getrennt für jede Fahrbahnplatte die Gesamtbodenbewegungen unter dem einbetonierten Ring, also im Bereich der Fahrbahnplattenmitte, in Anhängigkeit von der Zeit aufgetragen. Gleichzeitig sind zu den Gesamtbodenbewegungen des Untergrundes die entsprechenden, mit Hilfe der Tellermeßgeräte gemessenen Relativbodenbewegungen eingezeichnet.

In den Abbildungen 1 bis 45, Anl.9 sind die Gesamtbodenbewegungen des Untergrundes für Zusammendrückungen nach unten und für Quellungen nach oben aufgetragen und durch einen zusammenhängenden und gestrichelten Linienzug miteinander verbunden.

Die zu den Gesamtbodenbewegungen gehörenden Relativbodenbewegungen sind von den jeweiligen Ordinatennullwerten der Gesamtbodenbewegung ausgehend aufgetragen, wobei Zusammendrückungen nach unten und Quellungen nach oben eingezeichnet sind. Die jeweilige Tiefenlage der Teller ist durch entsprechendes Absetzen vom Ordinatennullwert der Gesamtbodenbewegung nach links angedeutet.

Bei näherer Betrachtung der Auftragungen in den Abbildungen der Anlage 9 ist zunächst erkennbar, daß es mehrere typische Fälle eines Zusammenhangs zwischen den Gesamtbodenbewegungen des Untergrunds und den durch die Tellergeräte erfaßten Bodenbewegungen gibt. Diese verschiedenen, typischen Fälle seien im folgenden beschrieben und diskutiert (s.Abb.10).

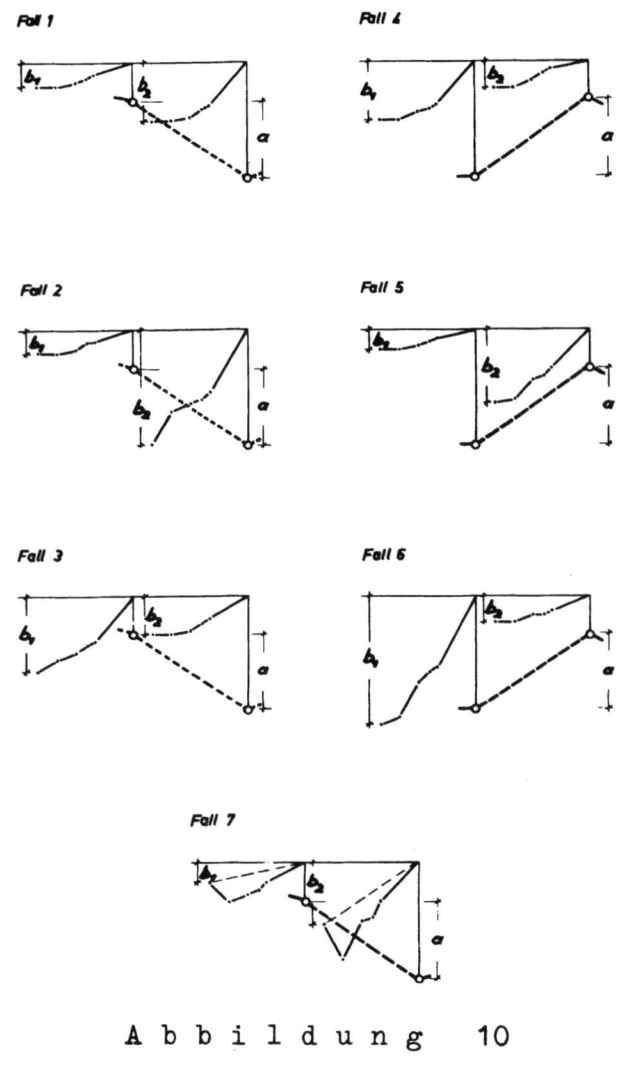

Abbildung 10

Fall 1: Die mit Hilfe der Tellermeßgeräte festgestellte Zusammendrückung $b_2 - b_1$ ist kleiner als die Gesamtsetzung a: Der nicht beobachtete Untergrund setzt sich.

Fall 2: Die mit Hilfe der Tellermessung festgestellte Zusammendrückung des Untergrundes $b_2 - b_1$ ist größer als die Gesamtsetzung a: Der nicht beobachtete Untergrund quillt.

Fall 3: Der mit Hilfe der Tellermessung erfaßte Bereich ist um das Maß $b_1 - b_2$ gequollen, während eine Gesamtsetzung a zu verzeichnen ist. Der nicht beobachtete Untergrund setzt sich.

Fall 4: Die mit Hilfe der Tellermessung festgestellte Quellung $b_1 - b_2$ ist kleiner als die Gesamthebung a: Der nicht beobachtete Untergrund quillt.

Fall 5: Der mit Hilfe der Tellermessung erfaßte Bereich hat sich um das Maß $b_2 - b_1$ zusammengedrückt, während eine Gesamtquellung a zu verzeichnen ist. Der nicht beobachtete Untergrund quillt.

Fall 6: Die mit Hilfe der Tellermessung beobachtete Quellung $b_1 - b_2$ ist größer als die Gesamtquellung a: Der nicht beobachtete Untergrund setzt sich.

Fall 7: Innerhalb der mit den Tellermeßgeräten beobachteten Schicht treten sowohl Hebungen als auch Setzungen auf, die im Zusammenwirken mit dem nicht beobachteten Untergrund ähnliche Bilder erzeugen wie in den Fällen 1 bis 6.

Bei zusammenfassender Auswertung der in der Abbildung 10 dargestellten Fälle eines Zusammenhangs zwischen den Gesamtbodenbewegungen und den mit Hilfe der Tellermeßgeräte ermittelten Bodenbewegungen ist festzustellen, daß Gesamtsetzungen des Untergrundes möglich sind:

1. infolge reiner Setzungen, wobei diese teilweise im nicht beobachteten Untergrund auftreten können,
2. infolge Setzung des nicht beobachteten Untergrundes bei gleichzeitiger Quellung der beobachteten Schicht,
3. infolge Setzung der beobachteten Schicht bei gleichzeitiger Quellung des nicht beobachteten Untergrundes.

In gleicher Weise sind Gesamtbodenhebungen möglich:

1. infolge reiner Quellung, wobei diese Quellung teilweise im nicht beobachteten Untergrund stattfindet,

2. infolge Quellung des nicht beobachteten Untergrundes bei gleichzeitiger Setzung der beobachteten Schicht,
3. infolge Quellung der beobachteten Schicht bei gleichzeitiger Setzung des nicht beobachteten Untergrundes.

Nach obigen Feststellungen ist es nicht unbedingt der Fall, daß bei Zusammendrückung der beobachteten Schicht gleichzeitig eine Gesamtsetzung des Untergrundes zu beobachten ist, nämlich dann, wenn im nicht beobachteten Untergrund eine starke Hebung, die als Quellung des Untergrundes gedeutet werden kann, vorzuliegen scheint. Desgleichen hat eine Quellung in der beobachteten Schicht nicht unbedingt eine Gesamthebung des Untergrundes zur Folge, nämlich dann, wenn der nicht beobachtete Untergrund sich stark setzt. Es ist somit festzustellen, daß eine Abhängigkeit zwischen den Ergebnissen der Tellermessungen und den mittels Nivellement gemessenen Gesamtbodenbewegungen nicht einheitlich gegeben ist, daß vielmehr u.U. die gemessenen Gesamtbodenbewegungen im Gegensatz stehen können zu den Ergebnissen der mit Hilfe der Tellermeßgeräte beobachteten Schicht.

Mit dieser Feststellung ergibt sich die Begründung für die eingangs dieser Untersuchung aufgeworfene Frage, ob die Ergebnisse der Tellermessungen ausreichen, um den Einfluß des Untergrundes auf die Plattenverformungen zu erfassen, oder ob eine bessere Abhängigkeit besteht zwischen den Gesamtbodenbewegungen des Untergrundes und den Plattenverformungen.

Der Nachweis einer solchen Abhängigkeit zwischen den Bewegungen des Untergrundes und den Plattenverformungen kann nun grob dergestalt erbracht werden, daß man den Verlauf der Bodenbewegungen und den Verlauf der Plattenverformungen in Abhängigkeit von der Zeit miteinander vergleicht, d.h. man stellt fest, ob sich z.B. bei Quellen des Untergrundes im Bereich der Mitte einer Fahrbahnplatte auch die Mitte der Fahrbahnplatte in bezug auf die Plattenenden hebt oder ob sich z.B. bei Setzungen im Untergrund im Bereich der Mitte einer Fahrbahnplatte auch die Mitte dieser Fahrbahnplatte in bezug auf die Plattenenden setzt.

Zur Durchführung des erforderlichen Vergleichs zwischen den Bodenbewegungen und Plattenverformungen sind in den Abbildungen 1 bis 45, Anl.9 außer den Ergebnissen über die Bewegungen des Untergrundes die zugehörigen Plattenverformungen aus charakteristischen Schnitten in Längsrichtung der Fahrbahnplatten eingezeichnet. Diese Plattenverformungen aus den charakteristischen Schnitten in Längsrichtung weichen in einigen Fällen in ihrem Absolutbetrag von den für die bisherigen Untersuchungen benutzten, umfassenden Plattenverformungen aus drei charakteristischen Schnitten ab.

Sie bieten aber bei etwas geringerer Genauigkeit den Vorteil, daß sie im Gegensatz zu den nur im Absolutmaßstab darstellbaren, bislang benutzten Plattenverformungswerten durch ihr Vorzeichen angeben, ob sich die Fahrbahnplatten im Verlaufe der Zeit nach oben oder nach unten konkav verformt haben, ob sich also die Plattenmitte in bezug auf die Plattenenden gehoben oder gesenkt hat.

Bei Vergleich des Verlaufs der Plattenverformungen mit dem Verlauf der Bodenbewegungen der Teller in den verschiedenen Höhenlagen wurde festgestellt, daß nur in relativ wenigen Fällen eine Abhängigkeit zwischen den beiden Größen besteht, daß vielmehr in den meisten Fällen gegensätzliche Tendenzen auftreten. Abbildungen 1 bis 45, Anl.9, in welchen der Deutlichkeit halber nur der Verlauf der Bewegungen des obersten und des untersten Tellers eingetragen ist, lassen diesen Umstand augenscheinlich werden.

Es ist zu folgern, daß die Ergebnisse der Tellermessungen nicht ausreichend sind, um den Einfluß des Untergrundes auf die Plattenverformungen zu erfassen.

Wesentlich anders ist das Ergebnis, welches der Vergleich zwischen dem Verlauf der Plattenverformungen und dem Verlauf der Gesamtbodenbewegungen liefert.

In mehr als der Hälfte aller Fälle ist eine mehr oder weniger deutlich ausgeprägte Abhängigkeit der zu vergleichenden Größen festzustellen, d.h. in diesen Fällen ist erkennbar, daß Setzungen der Fahrbahnplattenmitte in bezug auf die Plattenenden in ursächlichem Zusammenhang stehen mit einer zugehörigen Gesamtsetzung des Untergrundes im Bereich der Plattenmitte. Für Hebungen der Plattenmitte in bezug auf die Plattenenden gilt umgekehrt, daß eine Gesamtquellung im Untergrund vorliegt.

Daß in vielen Fällen die aufgezeigte Tendenz nicht gleichbleibend deutlich oder u.U. sogar nicht erkennbar ist, muß darauf zurückgeführt werden, daß die Verformungen der Fahrbahnplatten nicht ausschließlich abhängig sind von den Bodenbewegungen im Bereich der Plattenmitte, sondern auch von den Bodenbewegungen in Richtung der Plattenenden. Man kommt somit zu der Folgerung, daß zwar die im Bereich der Plattenmitte festgestellten Gesamtbodenbewegungen den Einfluß des Untergrundes auf die Plattenverformungen besser charakterisieren als die Ergebnisse der Tellermessungen, daß jedoch in einer Reihe von Fällen auch diese Gesamtbodenbewegungen nicht ausreichen, den Einfluß des Untergrundes auf die Plattenverformungen anzugeben.

Im Hinblick auf die Fragestellung, ob die Ergebnisse der Tellermessungen ausreichen, um den Einfluß des Untergrundes auf die Plattenverformungen zu erfassen, oder ob eine bessere Abhängigkeit besteht zwischen den Gesamtbewegungen des Untergrundes und den Plattenverformungen, ist nunmehr zusammenfassend festzustellen:

Mit Hilfe der Tellermeßgeräte war es möglich, die Bewegungen des Untergrundes bis zu einer Tiefe von 1,30 m von Oberkante Fahrbahnplatte aus gemessen zu erfassen. Der zeitliche Verlauf der Bewegungen des Untergrundes steht jedoch in den meisten Fällen nicht in einheitlichem Zusammenhang mit den zugehörigen Plattenverformungen. Es ist zu folgern, daß die Ergebnisse der Tellermessungen den Einfluß des Untergrundes auf die Verformungen der Fahrbahnplatten nicht ausreichend charakterisieren und deshalb für derartige Betrachtungen ausscheiden müssen.

Günstiger liegt das Ergebnis für die Gesamtbodenbewegungen im Bereich der Plattenmitten. In mehr als der Hälfte aller Fälle ist ein mehr oder weniger deutlicher Zusammenhang zwischen Gesamtbodenbewegungen und Plattenverformungen festzustellen. Es ist zu folgern, daß die Plattenverformungen nicht allein abhängig sind von den mit Hilfe der Tellermeßgeräte erhaltenen Teilbodenbewegungen bis zu 1,30 m Tiefe, sondern von den insgesamt auftretenden Bodenbewegungen. Es ist jedoch auch festzustellen, daß in zahlreichen Fällen eine Abhängigkeit zwischen den Gesamtbodenbewegungen in Plattenmitte und den Plattenverformungen nicht gegeben ist, nämlich deshalb, weil die Plattenverformungen auch abhängig sind von den Bodenbewegungen in Richtung der Plattenenden.

Dies bedeutet, daß auch die Gesamtbodenbewegungen im Bereich der Plattenmitte nicht ausreichen, um den Einfluß des Untergrunds auf die Plattenverformungen zu erfassen, daß vielmehr ein Ausdruck gefunden werden muß, der das Verhalten des Untergrunds nicht nur in Plattenmitte, sondern unter der Gesamtauflagerfläche der jeweiligen Fahrbahnplatte charakterisiert.

Ein Ausdruck, der etwas aussagt über das Verhalten des Untergrundes im Bereich der Gesamtfahrbahnplatten, ist die mittlere Bodenbewegung unter den Fahrbahnplatten.

Zahlenmässig kann dieser Ausdruck für die mittlere Bodenbewegung gewonnen werden, einmal aus der Verschiebung des Ringes in Plattenmitte, welche bisher als Gesamtbodenbewegung in Plattenmitte bezeichnet wurde. Des weiteren sind die Verschiebungen der Bolzen ein Maß für die Gesamtbodenbewegungen der Plattenenden, wenn man voraussetzt, daß die Fahrbahnplatten satt auf dem Untergrund aufliegen, daß also die Bewegungen der

Fahrbahnplatten größenordnungsmäßig gleichzeitig die Bewegungen des Untergrundes darstellen.

Als Ausdruck für die mittleren Bodenbewegungen unter den Gesamtfahrbahnplatten wird für die folgenden Untersuchungen das Mittel der Verschiebungen aller in ihrer Gesamtbodenbewegung erfaßten Punkte, also der Mitte und der vier Ecken einer Fahrbahnplatte, angesetzt. Die Verschiebungen werden dabei in ihrem absoluten Wert addiert und zwar mit folgender Begründung:

Die Bodenbewegungen, also Hebungen und Setzungen des Untergrundes, bestehen teilweise nach Abbildung 11a aus einer Hebung oder Setzung um einen bestimmten Betrag zuzüglich einer Verformung der Oberfläche. Bei Berechnung der mittleren Bodenbewegungen als Mittel der Summe der Einzelverschiebungen ändert sich das absolute Ergebnis nicht - gleich ob die Addition der Einzelverschiebungen mit oder ohne Vorzeichen geschieht.

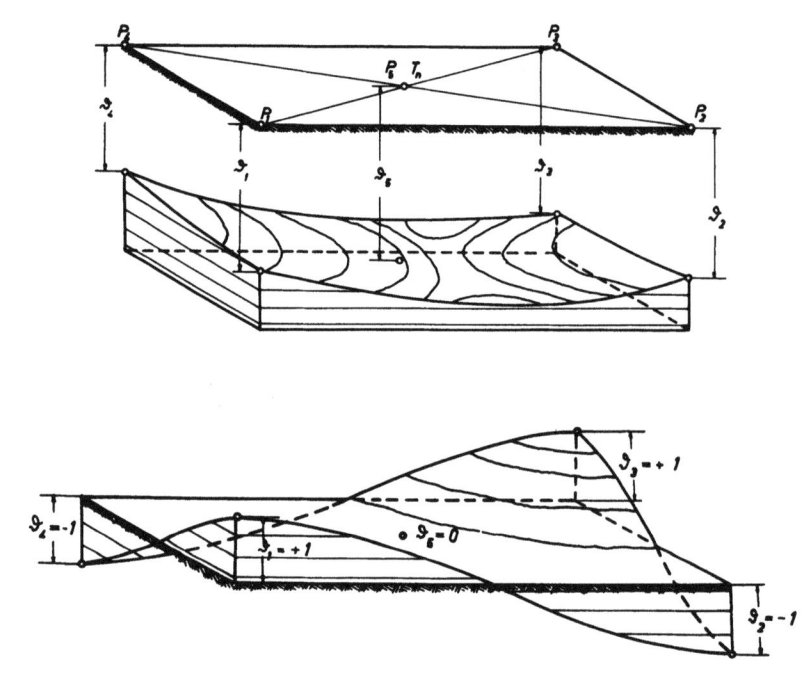

Abbildung 11a und 11b
Bodenbewegungsgrößen

Es kann jedoch der Fall eintreten, daß die Berücksichtigung der Vorzeichen zu falschen Ergebnissen führt, nämlich dann, wenn eine Bodenbewegung, wie in Abbildung 11b dargestellt, vorliegt.

Aus Abbildung 11b ist ersichtlich, daß sich bei Addition der Einzelverschiebungen der Wert Null ergeben würde, obwohl Bodenbewegungen vorliegen. Die Bodenbewegungen im vorliegenden Fall können nur durch Addition der Einzelverschiebungen im Absolutmaß erfaßt werden.

In jedem Fall wird also ein einwandfreies Ergebnis erzielt, wenn bei Berechnung der mittleren Bodenbewegungen die Einzelverschiebungen mit ihrem Absolutmaß eingesetzt werden. Der Ausdruck für die mittleren Bodenbewegungen muß somit lauten:

$$\frac{\Sigma |\vartheta_n|}{5} = \frac{|\vartheta_1| + |\vartheta_2| + |\vartheta_3| + |\vartheta_4| + |\vartheta_5|}{5}.$$

Nach vorstehender Formel erfolgte die Berechnung der mittleren Bodenbewegungen, hinfort Bodenbewegungsgrößen genannt, für jede Wiederholungsmessung in bezug auf die Anfangsmessung, so daß nunmehr zu den Werten für die Plattenverformungen die jeweils zugehörigen Bodenbewegungsgrößen zur Verfügung stehen (Tab.1, Anl.10).

5. Auswertung der Plattenverformungswerte mit Berücksichtigung der Untergrundsverhältnisse

In den vorstehenden Abschnitten konnte der Beweis erbracht werden, daß ein Zusammenhang besteht zwischen den Verformungen der Fahrbahnplatten und den jeweiligen Untergrundsverhältnissen. Außerdem gelang es, Ausdrücke zu finden, die es erlauben, die Verformungen der Fahrbahnplatten sowie die jeweiligen, zugehörigen Untergrundsverhältnisse in Zahlen auszudrücken.

Im Hinblick auf die Zielsetzung der Versuchsstrecke, Aufschluß zu erhalten über das festigkeitsmäßige Verhalten der im Rahmen der Versuchsstrecke angewandten Bodenverfestigungen auf die Haltbarkeit der Fahrbahnplatten sind die Ausdrücke $\frac{\Sigma |\vartheta_n|}{3}$ für die Plattenverformungen und $\frac{\Sigma |\delta_n|}{5}$ für die Bodenbewegungsgrößen so miteinander in Verbindung zu bringen, daß der Einfluß der jeweiligen Untergrundsverhältnisse auf die Plattenverformungen erfaßt werden kann. Sodann ergibt sich die Möglichkeit, den Einfluß der Untergrundverhältnisse auf die Plattenverformungen zu eliminieren, so daß nunmehr aufgrund korrigierter, nicht mehr von Untergrundsverhältnissen abhängiger Plattenverformungen etwas ausgesagt werden kann über die Haltbarkeit der einzelnen Bodenverfestigungsarten in Verbindung mit den Fahrbahnplatten.

Zur Ermittlung eines Zusammenhangs zwischen Plattenverformungen und Untergrundsverhältnissen sind in den Abbildungen 1 bis 5, Anl.11 die Werte für die Plattenverformungen $\frac{\Sigma |\delta_n|}{3}$ in Abhängigkeit von den zugehörigen Bodenbewegungsgrößen $\frac{\Sigma |\vartheta_n|}{5}$ aufgetragen, wobei zusammengehörige Wertepaare nach Bodenverfestigungsabschnitten gesondert in je einer Abbildung zusammengefaßt wurden.

Außer den Einzelwerten enthalten die Abbildungen der Anlage 11 noch die Schwerelinien zu den Einzelwerten, so daß also die eingezeichneten Kurven den mittleren Verlauf der Plattenverformungen in Abhängigkeit von den Bodenbewegungsgrößen angeben.

Aus den Abbildungen der Anlage 11 ist ersichtlich, daß alle Kurven ähnlich verlaufen, nämlich, daß bei zunächst stärkerem Anstieg der Plattenverformungen mit zunehmenden Bodenbewegungsgrößen die Plattenverformungen bei weiter wachsenden Bodenbewegungsgrößen einem Grenzwert zustreben.

Wegen des ähnlichen Verlaufs aller Kurven kann nunmehr aus den Einzelschwerelinien eine Gesamtschwerelinie ermittelt werden, welche das mittlere Verhalten aller Fahrbahnplatten in Abhängigkeit von den jeweiligen Untergrundsverhältnissen angibt. Diese Gesamtschwerelinie, im folgenden kurz Korrekturkurve δ_m genannt, ist in Abbildung 6, Anl.11 dargestellt. Sie ermöglicht es, den Einfluß unterschiedlicher Untergrundsverhältnisse auf die Plattenverformungen zu eliminieren, so daß nunmehr die festigkeitsmäßigen Eigenschaften der einzelnen Fahrbahnplatten in Verbindung mit den zugehörigen Bodenverfestigungen mit Hilfe der korrigierten Plattenverformungen in Vergleich gebracht werden können.

Wie mit Hilfe der Korrekturkurve die in Wirklichkeit aufgetretenen Plattenverformungen so korrigiert werden können, daß der Einfluß unterschiedlichen Untergrunds ausgeschaltet wird, möge hier kurz erläutert werden.

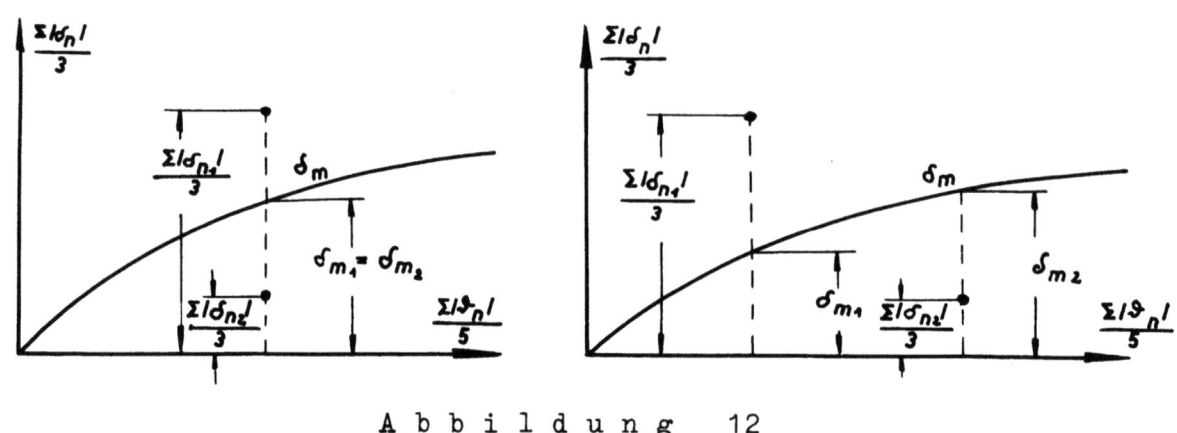

Abbildung 12

Anwendungsbeispiel für Korrekturkurve

Bei gleichen Untergrundsverhältnissen, also bei gleichen Werten $\frac{\Sigma|\vartheta_n|}{5}$ sagen verschiedene Plattenverformungen also $\frac{\Sigma|\delta_n|}{3}$-Werte unmittelbar etwas aus über eine unterschiedliche Haltbarkeit der Fahrbahnplatten, bzw. über das unterschiedliche Verhalten der Fahrbahnplatten in Verbindung mit den zugehörigen Bodenverfestigungen.

Ein Maß für das festigkeitsmäßige Verhalten einer Fahrbahnplatte zu anderen wäre das Verhältnis:

$$\frac{3 \cdot \Sigma |\delta_{n_1}|}{3 \cdot \Sigma |\delta_{n_2}|} .$$

Bei verschiedenartigem Untergrund, also für den im allgemeinen vorliegenden Fall, daß $\frac{\Sigma |\vartheta_{n_1}|}{5} \neq \frac{\Sigma |\vartheta_{n_2}|}{5}$ genügt die Bildung obigen Verhältnisses nicht, vielmehr ist die veränderliche Abhängigkeit der Plattenverformungen mit zunehmenden Bodenbewegungsgrößen zu berücksichtigen. Dies gelingt (s.Abb.12) durch Bildung folgenden Verhältnisses:

$$\frac{\Sigma |\delta_{n_1}|}{3 \cdot \delta_{m_1}} : \frac{\Sigma |\delta_{n_2}|}{3 \cdot \delta_{m_2}} .$$

Die Korrektur der durch unterschiedliche Bodenverhältnisse beeinflußten Plattenverformungen auf einheitliche Bodenverhältnisse geschieht also in einfacher Weise durch Division der in Wirklichkeit vorhandenen Plattenverformungen durch den zugehörigen δ_m-Wert der Korrekturkurve. Somit stellt der Ausdruck

$$\frac{\Sigma |\delta_n|}{3 \cdot \delta_m}$$

unmittelbar ein Maß dar für die Haltbarkeit der einzelnen Fahrbahnplatten, bzw. der Fahrbahnplatten in Verbindung mit der entsprechenden Bodenverfestigung.

Nach der Formel $\frac{\Sigma |\delta_n|}{3 \cdot \delta_m}$ konnten nunmehr für jede Fahrbahnplatte zu jeder Wiederholungsmessung Wertmaßstäbe berechnet werden, welche einen unmittelbaren Vergleich der Haltbarkeit der Fahrbahnplatten bzw. der Fahrbahnplatten im Zusammenwirken mit den einzelnen Bodenverfestigungen ermöglichen.

Die Ermittlung des zu jedem Plattenverformungswert erforderlichen δ_m-Wertes erfolgte mittels der Auftragung in den Abbildungen 1 bis 5, Anl.12, in welche jeweils für die einzelnen Bodenverfestigungsarten gesondert die Plattenverformungen $\frac{\Sigma |\delta_n|}{3}$ sowie die Korrekturkurve δ_m eingetragen sind, so daß die zu den jeweiligen Plattenverformungen gehörigen δ_m-Werte abgegriffen werden konnten.

Tabelle 1, Anl.13 enthält in Spalte 7 die korrigierten Plattenverformungen als Mittel über alle Messungen, jedoch für jede Fahrbahnplatte gesondert. In der gleichen Tabelle, Spalte 8, sind die Ergebnisse für die einzelnen Fahrbahnplatten je nach Bodenverfestigungsart gesondert zusammengefaßt und in Spalte 9 sind die je nach Bodenverfestigungsart zusammengefaßten Ergebnisse in % ausgedrückt, wobei das Resultat für den Versuchsstreckenabschnitt ohne Bodenverfestigung gleich 100 % gesetzt ist.

Zur Veranschaulichung der bisherigen Untersuchungsergebnisse sind die Werte der Spalte 9 in Abbildung 13 graphisch aufgetragen, so daß nunmehr das gemäß Zielsetzung der Versuchsstrecke gegebene Problem diskutiert werden kann, in welcher Weise sich die verschiedenen Bodenverfestigungsarten auf die Haltbarkeit der Fahrbahnplatten auswirken.

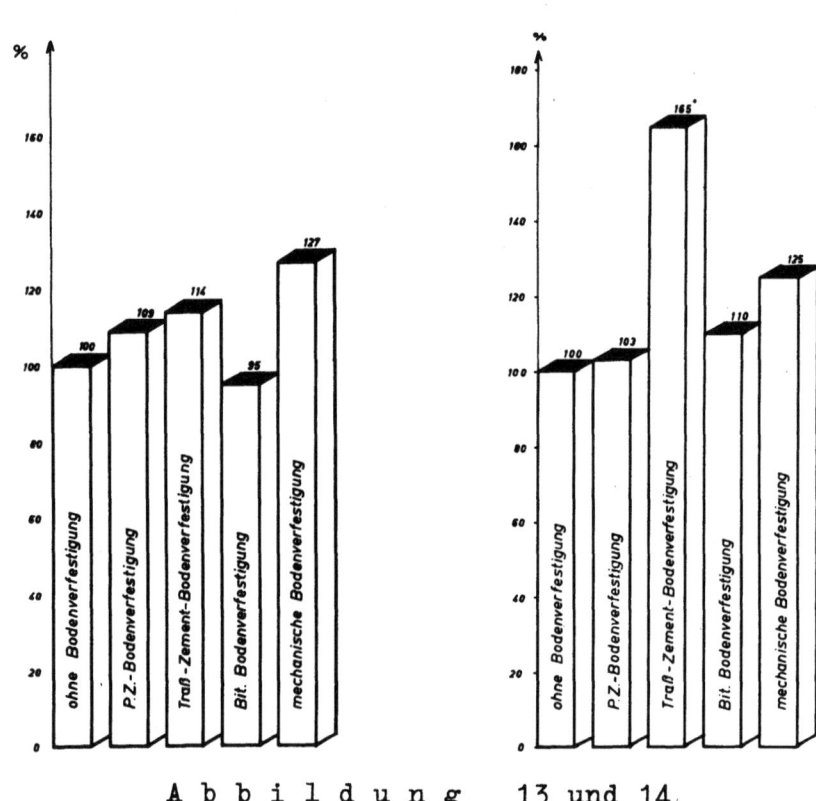

A b b i l d u n g   13 und 14

Verformungen der Fahrbahnplatten $\frac{\Sigma|\delta_n|}{3}$ mit und ohne Berücksichtigung der Untergrundsverhältnisse

Bei dieser Diskussion ist noch einmal an die eingangs des Kapitels getroffene Vereinbarung zu erinnern, daß die Beurteilung der Haltbarkeit der Fahrbahnplatten bzw. der Fahrbahnplatten in Verbindung mit den jeweiligen Bodenverfestigungen erfolgt über die Ebenheit der Fahrbahnplatten bzw. über die Änderung dieser Ebenheit im Verlaufe der Zeit. Des weiteren ist noch einmal darauf hinzuweisen, daß die für eine abschliessende Betrachtung maßgeblichen Werte in Spalten 8 und 9 der Tabelle 1, Anl.13 und deren graphische Auftragung in Abbildung 13 Gültigkeit besitzen für überall gleiche Untergrundsverhältnisse.

Nach diesen Voraussetzungen läßt die Abbildung 13 zu folgenden Feststellungen kommen:

Die Ebenheit der Fahrbahnplatten auf Bodenverfsetigungen mit Portlandzement bzw. mit Traßzement ist um 9 bzw. 14 % geringer als die von normalen Fahrbahnplatten.

Die Ebenheit der Fahrbahnplatten auf bituminöser Bodenverfestigung ist um 5 % besser als die der Normalfahrbahnplatten, und die Fahrbahnplatten auf mechanischer Bodenverfestigung besitzen eine um 27 % geringere Ebenheit als die Normalfahrbahnplatten.

Der gegebene Überblick über die Ebenheit der Fahrbahnplatten auf Bodenverfestigungen im Vergleich mit den Normalfahrbahnplatten steht nun nicht in jedem Fall im Einklang mit den Aufzeichnungen der Abbildung 14 (s. auch Abb. 9), in welcher die Ebenheit der Fahrbahnplatten ohne Berücksichtigung des Einflusses der unterschiedlichen Untergrundsverhältnisse aufgezeichnet ist.

Während für die Normalfahrbahnplatten sowie für die Fahrbahnplatten auf Bodenverfestigungen mit Portlandzement bzw. auf mechanischer Bodenverfestigung eine ziemliche Übereinstimmung in den Abbildungen 13 und 14 besteht, wird die Ebenheit der Fahrbahnplatten auf bituminöser Bodenverfestigung und auf Traßemenverfestigung in Abbildung 13 geringer gefunden als in Abbildung 14. Dieser Umstand ist auf die relativ schlechten Untergrundsverhältnisse im Bereich der Versuchsstreckenabschnitte mit Bitumenemulsion und Traßzement zurückzuführen, wie dieses auch nach Augenschein aus den Abbildungen 1 bis 5 der Anlage 11 hervorgeht, aus denen zu ersehen ist, daß für die Versuchsstreckenabschnitte mit Bitumenemulsion und Traßzement ein erheblicher Teil der Plattenverformungen in Verbindung steht mit relativ großen Bodenbewegungsgrößen, also relativ großen Setzungen bzw. Hebungen des Untergrunds.

Bei weiterer Diskussion der Abbildung 13 ist die Feststellung augenfällig, daß die Fahrbahnplatten auf mechanischer Bodenverfestigung die geringste Widerstandsfähigkeit gegen Verformungen im Vergleich mit den übrigen Versuchsstreckenabschnitten aufweisen. Dieser Umstand ist nicht erklärlich durch die Art der Zuschlagstoffe, welche zur Herstellung der mechanischen Bodenverfestigung zur Verwendung kamen. Diese Zuschlagstoffe besitzen nämlich eine wesentlich bessere Zusammensetzung als diejenigen der übrigen Bodenverfestigungen. Mithin ist die geringe Tragfähigkeit der mechanischen Bodenverfestigung im Vergleich mit den übrigen Bodenverfestigungen in dem zugegebenen Ton zu suchen. Dieser Ton dürfte von Natur aus auch im vollkommen abgetrockneten Zustand bei weitem nicht die Kohäsionseigenschaften aufweisen, wie hydraulische oder bituminöse Bindemittel. Dazu kommt, daß u.U. eine geringe Durchfeuchtung der Bodenverfestigung schon ausreichen kann, um die Kohäsionseigenschaften des Tons erheblich herabzumindern, so daß die optimalen Standfestigkeitseigenschaften einer mechanischen Bodenverfestigung leicht in Frage gestellt sein können.

Zunächst überraschend erscheint das Ergebnis, welches mit der bituminösen Bodenverfestigung erzielt wurde, nämlich, daß die Fahrbahnplatten auf bituminöser Bodenverfestigung die geringsten Verformungen erfahren, auch geringer als die Normalfahrbahnplatten.

Diese Feststellung ist so erklärlich, daß die flexible, bituminöse Bodenverfestigung anfänglichen Verformungen der Betonfahrbahnplatten ohne Bruch etwas nachgibt und dadurch den Fahrbahnplatten ein zusammenhängendes sattes Auflager ergibt.

Diese Eigenschaften der geringen Verformbarkeit ohne Bruch werden die halbwegs starren, hydraulischen Bodenverfestigungen nicht besitzen, sie werden vielmehr bei zu großer Verformung brechen, so daß nunmehr einzelne nicht zusammenhängende Schollen als Auflager für die Fahrbahnplatten zurückbleiben.

Ob ein wie oben geschildertes Verhalten der Bodenverfestigungen eingetreten ist, kann aufgrund der vorliegenden Meß- und Beobachtungsergebnisse nicht nachgewiesen werden, es ist jedoch nicht zu übersehen, daß die bituminöse Bodenverfestigung bei der im vorliegenden Fall gewählten Gesamtdeckenkonstruktion im Vergleich mit den übrigen Bodenverfestigungen die bessere Lösung ist.

Nun steht im Gegensatz zu der geringen Verformbarkeit der Fahrbahnplatten auf bituminöser Bodenverfestigung die hohe Anzahl der Rißbildungen und Eckbrüche, welche das Siebenfache der Deckenschäden beträgt, die im Normaldeckenteil aufgetreten sind. Ein Teil dieser Deckenschäden dürfte auf die relativ schlechten Untergrundsverhältnisse im Versuchsstreckenabschnitt mit Bitumenemulsion zurückgeführt werden. Ein Teil dieser Deckenschäden steht jedoch zweifellos in ursächlichem Zusammenhang mit dem im Versuchsstreckenabschnitt mit Bitumenemulsion fehlenden Baustahlgewebe. Dies bedeutet, daß bei gleicher Verformung bewehrter und unbewehrter Fahrbahnplatten die unbewehrten Fahrbahnplatten mehr Deckenschäden aufweisen werden als bewehrte. Da nun gerade Rißbildungen und Eckbrüche bei Betonfahrbahnplatten aus Gründen der Druckverteilung neben der Änderung der Ebenheit ein Kriterium für deren Haltbarkeit sein müssen, diese aber durch die für die bisherigen Untersuchungen benutzten Plattenverformungen nicht erfaßt werden, ist eine umfassende Beurteilung der Haltbarkeit der im vorliegenden Fall behandelten Deckenkonstruktionen aufgrund der Plattenverformungen nicht möglich. Die Plattenverformungen können lediglich dazu benutzt werden, etwas auszusagen über die relative Haltbarkeit der verschiedenen Deckenkonstruktionen mit Bodenverfestigungen, da diese hinsichtlich der Rißbildungen und Eckbrüche wegen des überall fehlenden Baustahlgewebes gleiche Voraussetzungen besitzen. Die bisherigen Untersuchungen lassen also lediglich zu dem Schluß kommen, daß von den Deckenkonstruktionen mit Bodenverfestigung sich diejenige am besten bewährt hat, bei welcher eine bituminöse Bodenverfestigung zur Anwendung kam. Von geringerer Haltbarkeit waren dagegen die Deckenkonstruktionen mit Bodenverfestigungen mit Portlandzement und Traßzement und schließlich die Deckenkonstruktionen mit mechanischer Bodenverfestigung.

In welchem Maße die Deckenkonstruktionen aus unbewehrten Fahrbahnplatten auf Bodenverfestigung auf die Haltbarkeit bewehrter normaler Betonfahrbahnplatten erreicht haben, ist aufgrund der Werte für die Plattenverformungen nicht anzugeben. Die Beantwortung dieser Frage erfolgt jedoch an entsprechender Stelle im nächsten Abschnitt.

6. Einfluß der Dicke der Fahrbahnplatten auf deren Haltbarkeit

Es ist jetzt noch Stellung zu nehmen zu der gemäß Zielsetzung der Versuchsstrecke gestellten Frage, welchen Einfluß die in den Versuchsstreckenabschnitten mit Bodenverfestigungen unterschiedlich gehaltenen Dicken der Fahrbahnplatten auf deren Haltbarkeit ausüben.

Zur Untersuchung dieser Frage wurden zunächst in Tabelle 1, Anl.13, Spalte 10 die auf einheitliche Untergrundsverhältnisse bezogenen Plattenverformungswerte für Fahrbahnplatten gleicher Dicke, jedoch für die jeweiligen Versuchsstreckenabschnitte gesondert, zusammengefaßt. Spalte 11 enthält die gleichen Werte in % ausgedrückt, wobei das Ergebnis für den Normaldeckenteil gleich 100 % gesetzt ist.

Nun läßt Spalte 11 keine einheitliche Tendenz einer Abhängigkeit zwischen Plattenverformungen und Dicke der Fahrbahnplatten erkennen. Es muß vermutet werden, daß zu erwartende Tendenzen deshalb nicht zu verzeichnen sind, weil die Ergebnisse von drei Fahrbahnplatten nur einen ungenügenden

Überblick vermitteln. Aufgrund der Plattenverformungen kann also keine Aussage darüber gemacht werden, welche der vorgesehenen Deckendicken die optimale ist. Es wird deshalb der Versuch unternommen, den Einfluß der Deckendicke der Fahrbahnplatten auf deren Haltbarkeit zu beurteilen aufgrund der durch augenscheinliche Beobachtungen ermittelten Deckenschäden in Form von Rißbildungen und Eckbrüchen.

Das Ergebnis der Aufnahme über diese Rißbildungen und Eckbrüche ist in Tabelle 9 enthalten (s.auch Aufzeichnungen über die Rißbildungen und Eckbrüche im Übersichtsplan Abb.1, Anl.2).

Tabelle 9 enthält außer den zahlenmässigen Angaben über die Rißbildungen und Eckbrüche %-Werte, wobei für die Rißbildungen diese %-Werte die Anzahl der Rißbildungen in bezug auf die Anzahl der beobachteten Fahrbahnplatten angibt (Rißbildungswert) und wobei für die Eckbrüche diese %-Werte die Anzahl der Eckbrüche in bezug auf die Anzahl der Ecken der beobachteten Fahrbahnplatten angibt (Eckbruchwert).

Tabelle 9 zeigt, daß die meisten Rißbildungen in den 20 cm dicken unbewehrten Fahrbahnplatten aufgetreten sind. Der mittlere Rißbildungswert beträgt für diese Fahrbahnplatten 74 %; d.h., auf 100 zu beobachtende Fahrbahnplatten würden 74 Risse entfallen.

Günstiger liegt das Ergebnis für die 18 cm dicken unbewehrten Fahrbahnplatten mit einem mittleren Rißbildungswert von 33 % und am wenigsten Risse weisen von den unbewehrten Fahrbahnplatten mit einem mittleren Rißbildungswert von 21 % die 16 cm dicken Fahrbahnplatten auf. Allerdings weisen die nur 16 cm dicken, unbewehrten Fahrbahnplatten mit einer mittleren Eckbruchzahl von 19 % die meisten Eckbrüche auf. Für die 18 bzw. 20 cm dicken unbewehrten Fahrbahnplatten sinken die Werte für die Eckbrüche auf 4 bzw. 3 % ab.

Nun gibt der aufgezeigte Überblick, daß die als schwere Deckenschäden zu bezeichnenden Rißbildungen mit abnehmender Deckenstärke abnehmen, die im Augenblick als leichte Deckenschäden zu bezeichnenden Eckbrüche dagegen mit abnehmender Deckenstärke zunehmen, keinen Aufschluß darüber, inwieweit die gewählten unbewehrten Fahrbahnplatten unterschiedlicher Dicke in Verbindung mit den jeweiligen Bodenverfestigungen dem modernen Verkehr überhaupt gewachsen sind. Einen Anhalt, diese Frage zu beantworten, gibt ein Vergleich zwischen den oben aufgezeigten Deckenschäden der unbewehrten Fahrbahnplatten und den Deckenschäden der Normalfahrbahnplatten, welche mit einem Rißbildungswert von nur 6 % bislang in ihrer Haltbarkeit als ausreichend bezeichnet werden können.

Tabelle 9

Art der Bodenver-festigung	Deckendicke 22 cm Anzahl R E		% R	% E	Deckendicke 20 cm Anzahl R E		% R	% E	Deckendicke 18 cm Anzahl R E		% R	% E	Deckendicke 16 cm Anzahl R E		% R	% E	Σ der Anzahl der Schäden
ohne Bodenverfestigung	1	0	6	0	-	-	-	-	-	-	-	-	-	-	-	-	1
Bodenverfestigung mit Portlandzement	-	-	-	-	3	1	50	4	2,5	1	43	4	0	3	0	12	10,5
Bodenverfestigung mit Traßzement	-	-	-	-	7	1	116	4	3,5	3	50	12	2	6	33	25	22,5
Bodenverfestigung mit Bitumenemulsion	-	-	-	-	4	1	67	4	1	0	17	0	1	0	17	0	7
Mechan. Bodenverfestigung	-	-	-	-	4	0	67	0	3	0	50	0	2	2	33	8	11
Mittel der %	-	-	6	0	-	-	74	3	-	-	33	4	-	-	21	19	-

(E = Eckbrüche, R = Rißbildung)

Tabelle 9 zeigt, daß die 20 cm dicken Fahrbahnplatten mit Rißbildungswerten zwischen 50 und 116 % den Rißbildungswert der Normalfahrbahnplatten von 6 % in jedem Fall wesentlich übersteigen. Es ist zu folgern, daß die gewählte Deckenkonstruktion aus 20 cm unbewehrten Betonfahrbahnplatten und den jeweiligen Bodenverfestigungen dem auf der Versuchsstrecke liegenden Verkehr nicht in befriedigender Weise gewachsen war.

In abgeschwächter Form ist die gleiche Feststellung zu treffen für die 18 cm dicken Fahrbahnplatten, welche mit Rißbildungswerten zwischen 17 und 58 % diejenige der Normalfahrbahnplatten teilweise auch noch wesentlich überschreiten. Es ist also zu folgern, daß auch eine Deckenkonstruktion aus 18 cm unbewehrten Fahrbahnplatten und den vorgesehenen Bodenverfestigungen nicht ausreichend ist.

Das günstigste Ergebnis zeigt das Verhalten der 16 cm dicken Fahrbahnplatten. Tabelle 9 läßt erkennen, daß je nach Bodenverfestigungsart und - dies ist der Tabelle nicht abzusehen - auch je nach Untergrundsverhältnissen die Rißbildungen und Eckbrüche der Fahrbahnplatten soweit zurückgehen können, daß Deckenkonstruktionen aus 16 cm dicken, unbewehrten Betonfahrbahnplatten die gleiche Haltbarkeit aufweisen, wie 22 cm dicke und bewehrte Betonfahrbahnplatten.

Allerdings ist einschränkend festzustellen, daß im allgemeinen je nach Art und Gelingen der Bodenverfestigung, vor allem aber je nach nicht in jedem Fall abzuschätzenden Untergrundsverhältnissen, die erforderliche Sicherheit gegenüber Rißbildungen und Eckbrüchen auch bei den 16 cm dicken, unbewehrten Betonfahrbahnplatten fehlt.

Deshalb ist es aus technischen und in Anbetracht zu erwartender Deckenunterhaltungskosten auch aus wirtschaftlichen Gründen zweckmäßig, in jedem Fall Betonfahrbahnplatten durch Baustahlgewebeeinlage gegen Deckenschäden in Form von Rißbildungen und Eckbrüchen zu sichern.

7. Zusammenfassung

Im Hinblick auf die Zielsetzung der Versuchsstrecke, den Einfluß verschiedenartiger Bodenverfestigungen auf die Haltbarkeit unbewehrter, 16, 18 und 20 cm dicker Betonfahrbahnplatten zu ermitteln, hat die Versuchsstrecke Aldekerk folgendes ergeben:

Von allen Deckenkonstruktionen aus nicht mit Baustahlgewebeeinlage versehenen Betonfahrbahnplatten auf Bodenverfestigungen hat sich im vorliegenden Fall die Deckenkonstruktion mit bituminöser Bodenverfestigung als die bessere herausgestellt. Von geringerer Haltbarkeit waren dagegen die Fahrbahnplatten auf Bodenverfestigungen mit Portlandzement, Traßzement und schließlich auf mechanischer Bodenverfestigung. Es ist zu folgern, daß bei ähnlichen Verhältnissen wie bei der Versuchsstrecke Aldekerk Betonfahrbahnplatten auf bituminöser Bodenverfestigung die bessere Haltbarkeit zeigen werden.

Hinsichtlich des Einflusses der Dicke unbewehrter Betonfahrbahnplatten auf deren Haltbarkeit unter den vorliegenden Verkehrsverhältnissen ist folgendes auszusagen:

Grundsätzlich neigen die stärkeren 20 und 18 cm dicken, unbewehrten Fahrbahnplatten eher zu den als schwere Deckenschäden zu bezeichnenden Rißbildungen als die dünnen, unbewehrten Fahrbahnplatten, während diese eher anfällig sind für die im Augenblick noch als leichte Deckenschäden zu bezeichnenden Eckbrüche.

Des weiteren konnte festgestellt werden, daß die Haltbarkeit 20 und 18 cm dicker, unbewehrter Fahrbahnplatten auf Bodenverfestigungen wegen zu großer Häufigkeit der Rißbildung dem bislang auf der Versuchsstrecke liegenden Verkehr nicht in befriedigender Weise standgehalten haben, wenn man die Haltbarkeit der bewehrten 22 cm dicken Fahrbahnplatten als Maßstab zugrunde legt.

Günstiger erscheint das Ergebnis für die 16 cm dicken, unbewehrten Betonfahrbahnplatten. Diese sind bei relativ guten Untergrundsverhältnissen oder ausreichender Standfestigkeit der Bodenverfestigung bei den vorliegenden Verkehrsverhältnissen in etwa von gleicher Haltbarkeit wie die Normalfahrbahnplatten. Aus Gründen der Sicherheit, vor allem im Hinblick auf nicht abzuschätzende Untergrundsverhältnisse, erscheint es jedoch aus technischen und in Anbetracht zu erwartender Deckenunterhaltungskosten auch aus wirtschaftlichen Gründen zweckmässig, selbst die für die vorliegenden Verkehrsverhältnisse unter günstigen Bedingungen ausreichend erscheinenden 16 cm dicken Fahrbahnplatten durch Baustahlgewebeeinlage gegen Deckenschäden zu sichern.

Für höhere Verkehrsansprüche, für welche die Normalfahrbahnplatten und somit auch die 16 cm dicken, unbewehrten Fahrbahnplatten nicht mehr ausreichend sind, ist eine Erhöhung der Deckendicke unbewehrter Fahrbahnplatten auf Bodenverfestigung wegen zu großer Neigung zur Rißbildung unzweckmäßig, vielmehr führt eine solche Erhöhung der Deckendicke erst in Verbindung mit einer Baustahlgewebeeinlage zum Erfolg, wie dies das Verhalten der 22 cm dicken, bewehrten Fahrbahnplatten beweist.

V. Auswertung der Meßergebnisse im Schwarzdeckenteil

1. Deckenaufbau und Meßvorrichtungen

Wie bereits im Abschnitt II dieses Berichtes angedeutet, erstreckt sich der Schwarzdeckenteil von km 2^{+700} bis km 1^{+200} und besteht aus fünf Teilabschnitten von jeweils 500 m Länge, welche sich durch ihre Unterbauart z.T. auch durch ihre Zwischenschichten voneinander unterscheiden.

Im einzelnen ist der Aufbau der fünf Versuchsstreckenabschnitte aus den Abbildungen 1 bis 6 der Anlage 3 zu ersehen.

Für die nachfolgenden Untersuchungen seien die verschiedenen Versuchsstreckenabschnitte nach ihrer jeweiligen Unterbauart bezeichnet mit:

1) Versuchsstreckenabschnitt mit 15 cm Zementbetonunterbau auf Kiessandunterlage (km 2^{+700} bis km 2^{+400}),

2) Versuchsstreckenabschnitt mit 20 cm Setzpacklage auf 10 cm Bitumenbodenverfestigung (km 2^{+400} bis km 2^{+100}),

3) Versuchsstreckenabschnitt mit 25 cm Setzpacklage auf 5 cm Kiessandunterlage (km 2^{+100} bis km 1^{+800}),

4) Versuchsstreckenabschnitt mit 20 cm Setzpacklage auf Planum (frostsicheres Kiessandgemisch) (km 1^{+800} bis km 1^{+500}),

5) Versuchsstreckenabschnitt mit 26 cm Schüttpacklage auf Planum (Normalausführung) (km 1^{+500} bis km 1^{+200}).

Zur Beobachtung der Bewegungen des Untergrunds erfolgte wie im Betondeckenteil der Einbau von Tellergeräten, und zwar in einem Abstand von 100 m, so daß auf jeden Versuchsstreckenabschnitt drei Tellermeßgeräte entfallen.

Zur Erfassung der Bewegungen der Fahrbahndecke wurden Unebenheitsmessungen durchgeführt, und zwar mit einem Unebenheitsmeßgerät von Bauch, welches nachfolgend kurz beschrieben sei, soweit es für die Auswertung der Meßergebnisse erforderlich ist.

Laut Abbildung 15 besteht das verwendete Unebenheitsmeßgerät aus zwei Laufrädern, welche durch eine starre Brücke in einem festen Abstand von 4 m gehalten werden. In der Mitte zwischen den Laufrädern befindet sich ein Tastrad, welches an einem Taststab befestigt ist, der sich frei beweglich zur Verbindungslinie der Laufräder bewegen kann.

Die Bewegungen des Laufrades bei Überfahren einer Straßendecke nach oben oder unten sind also die Unebenheiten der Straßendecke im Maßstab 1:1 in der Mitte zwischen den 4 m voneinander entfernten Laufrädern in bezug auf

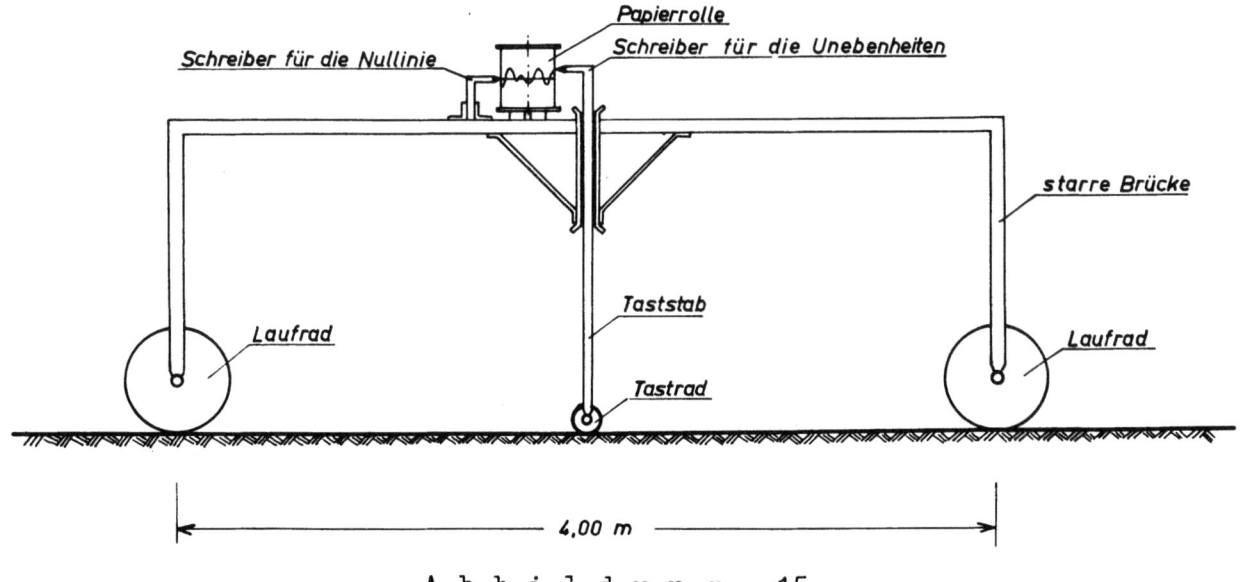

Abbildung 15

Unebenheitsmeßgerät von Bauch

deren Aufstandsebene. Die Aufzeichnungen der Unebenheiten erfolgt auf eine sich drehende Papierrolle, deren Abwicklung so eingestellt ist, daß die auf 1 m Fahrbahnstrecke in Wirklichkeit aufgenommenen Unebenheiten auf der Papierrolle in 1 cm Aufzeichnung erfaßt sind.

Außer den mit Hilfe des Tastrades aufgenommenen Unebenheiten enthalten die graphischen Auftragungen eine Nullinie, welche es erlaubt, abzulesen, ob eine Unebenheit in Form einer Erhöhung oder in Form einer Vertiefung in der Mitte zwischen den Aufstandspunkten der beiden Laufräder vorliegt.

Die Aufnahme der Unebenheiten auf der fertigen Schwarzdecke erfolgte seit der Anfangsmessung im Herbst 1954 in halbjährlichen Abständen bis zum Herbst 1956 und anschließend in jährlichen Abständen bis zum Herbst 1958. Gleichzeitig mit der Durchführung der Unebenheitsmessungen erfolgte die Beobachtung des Untergrunds mittels der Tellermeßgeräte.

2. Auswertung der Meßergebnisse

Im Rahmen der Zielsetzung der Versuchsstrecke ist die Aufgabe gestellt, Aufschluß darüber zu erhalten, in welchem Maße sich die im Bereich des Schwarzdeckenteils ausgeführten Deckenkonstruktionen bislang bewährt haben, wobei die Frage zu klären ist, ob u.U. eine unterschiedliche Haltbarkeit bei den verschiedenen Deckenkonstruktionen zu verzeichnen ist.

Als Maß für die Haltbarkeit der einzelnen Deckenkonstruktionen wird wieder wie beim Betondeckenteil die Ebenheit der Fahrbahndecken bzw. die Änderung dieser Ebenheit im Verlaufe der Zeit zugrunde gelegt. Nun ist die Änderung der Ebenheit der Fahrbahndecken im Verlaufe der Zeit neben der Haltbarkeit der Gesamtdeckenkonstruktion auch abhängig von den jeweiligen Untergrundsverhältnissen, so daß zunächst die Frage nach dem Einfluß des Untergrunds, vor allem u.U. des unterschiedlichen Einflusses des Untergrundes auf die Änderung der Ebenheit der Fahrbahndecken, zu untersuchen wäre.

Im Bereich des Schwarzdeckenteils ist nun die Beurteilung des Einflusses des Untergrunds nur möglich über die Ergebnisse der Tellermessungen.

Bei Vergleich der Ergebnisse der Tellermessungen mit den Werten für die Änderung der Ebenheit der Fahrbahndecken hat sich nun gezeigt, daß keinerlei Abhängigkeit zwischen den beiden Größen besteht. Es ist zu folgern, daß ähnlich wie im Betondeckenteil die Verformungen der Fahrbahndecken auch im Schwarzdeckenteil nicht ausschließlich abhängig sind von den Bodenbewegungen, welche sich bis zu einer beobachteten Tiefe von 1,30 m zeigen, sondern von den Gesamtbodenbewegungen, welche teilweise aus dem nicht beobachteten Untergrund resultieren. Für die nachfolgenden Untersuchungen bedeutet dies, daß die zur Charakterisierung der Haltbarkeit der einzelnen Deckenkonstruktionen aufgestellten Werte für die Änderung deren Ebenheit beeinflußt sein können von unterschiedlichen Untergrundseigenschaften.

Es sei nun zunächst ein Ausdruck entwickelt, der es erlaubt, die Ebenheit der Fahrbahndecken aufgrund der Ergebnisse der Unebenheitsmessungen zahlenmässig darzustellen.

Wie bereits weiter oben angedeutet, enthalten die graphischen Auftragungen der Unebenheitsmessungen die aufgenommenen Unebenheiten im Maßstab 1:1, wobei die wirklichen Längen der überfahrenen Strecken im Maßstab 1:100 reduziert sind. Abbildung 16 zeigt einen 10 cm langen Ausschnitt aus einem Meßstreifen, wie sie bei Durchführung der Unebenheitsmessungen entstehen.

A b b i l d u n g   16

Meßstreifen aus Unebenheitsmessungen

Abbildung 16 enthält also alle Unebenheiten über eine Meßstrecke von 10 m, wobei die oberhalb der Nullinie aufgezeichneten Werte Erhebungen in bezug auf die Aufstandspunkte der Laufräder angeben und wobei die unterhalb der Nullinie aufgezeichneten Werte Vertiefungen in bezug auf die Aufstandspunkte der Laufräder darstellen, so daß nunmehr die Unebenheit für jeden Punkt der befahrenen Strecke im wirklichen Maßstab unmittelbar ablesbar ist.

Einen Überblick über die Ebenheit einer größeren Strecke ist nun das Mittel der an den einzelnen Punkten dieser Strecke gemessenen Unebenheiten, wobei es nicht erforderlich ist, zu unterscheiden zwischen Unebenheiten, welche sich lt. Auftragung als Erhebungen oder Vertiefungen ausweisen.

Für die nachfolgenden Untersuchungen wurde als Wertmaßstab für die Ebenheit einzelner Versuchsstreckenabschnitte der Mittelwert gebildet aus den im Abstand von 2 mm, das sind 20 cm in Wirklichkeit, abgelesenen Ordinatenwerten. Auf diese Weise erfolgte die Bildung von Wertmeßstäben sowohl für die Fahrspur von Aldekerk nach Wachtendonk als auch für die Fahrspur von Wachtendonk nach Aldekerk. Dabei sind die Auftragungen der Unebenheitsmessungen für Fahrstrecken von jeweils 100 m Länge zusammengefaßt, so daß nunmehr für jeden der 300 m langen Versuchsstreckenabschnitte aus jeder Fahrspur drei Einzelwerte, das sind insgesamt sechs Einzelwerte je Versuchsstreckenabschnitt, zu jeder Messung zur Verfügung stehen (Tab.1, Anl.14). Bei Auftragung der Wertmaßstäbe für die Ebenheit der jeweils 100 m langen Teilstrecken, getrennt für beide Fahrspuren, wurde festgestellt, daß keine einheitliche Tendenz besteht innerhalb der jeweils zu einem Gesamtversuchsstreckenabschnitt gehörigen Einzeldarstellungen. Dieser Umstand konnte nur auf Streuwerte zurückgeführt werden, so daß nunmehr alle zu einem Versuchsstreckenabschnitt gehörigen Einzelwerte gemittelt wurden, um den Einfluß von Streuwerten zu vermindern (Tab.1, Anl.14). Die in Tabelle 1, Anl.14 für die einzelnen Versuchsstreckenabschnitte gemittelten Unebenheitsmaßstäbe sind in Abbildung 1 bis 5, Anlage 15 für die einzelnen Versuchsstreckenabschnitte gesondert in Abhängigkeit von der Zeit aufgetragen. Abbildung 6 der Anlage 15 enthält die gleichen Auftragungen in einer Abbildung zusammengefaßt.

Bei Diskussion der Auftragungen der Abbildung 6, Anlage 15 ist nun zu beachten, daß Änderungen der Ebenheiten der Fahrbahndecken entstehen können durch Bewegungen im Untergrund in Verbindung mit einem Nachgeben der Gesamtdeckenkonstruktion, durch Veränderungen innerhalb der flexiblen

Deckenkonstruktionen infolge Nachkompression, aber auch durch Beseitigung oberflächiger kleiner Unebenheiten und Rauhigkeiten unter dem nachbügelnden Verkehr.

Nun sind, wie dies schon im Betondeckenteil beobachtet werden konnte, die relativ heftigsten Veränderungen der Ebenheit einer Straßendecke in der ersten Zeit nach Verkehrsübergabe zu erwarten.

Die Abbildungen 1 bis 6, Anlage 15 zeigen, daß von der ersten bis zur zweiten Messung nach einem halben Jahr die Unebenheiten der einzelnen Versuchsstreckenabschnitte teilweise um ein geringes Maß zurückgehen. Dieses Bild deutet darauf hin, daß von den sich überlagernden Einflüssen, welche für die Veränderung der Ebenheiten der Fahrbahndecken maßgeblich sind, derjenige am stärksten war, welcher als Nachbügeln der Fahrbahnoberfläche unter dem Verkehr zu bezeichnen ist. Teilweise hat jedoch die Unebenheit der Fahrbahndecken von der ersten bis zur zweiten Messung unter Verkehr relativ stark zugenommen, so daß also hierbei Bewegungen des Untergrunds und Nachkompression der Gesamtdeckenkonstruktion überwiegend gewesen sein müssen.

Von der ersten Wiederholungsmessung bis zur zweiten kann lt. Abbildung 1 bis 6, Anlage 15 für jeden Versuchsstreckenabschnitt ein mehr oder weniger starker Rückgang der Unebenheit festgestellt werden. Dieser Umstand ist so zu erklären, daß anfängliche Bewegungen im Untergrund und Nachkompression innerhalb der Gesamtdeckenkonstruktion zum Abschluß gekommen sind, während weiteres Nachbügeln unter dem Verkehr zu erhöhter Ebenheit der Fahrbandecken führte.

Von der zweiten Wiederholungsmessung ab ist lt. Abbildung 1 bis 6 der Anlage 15 eine weitgehende Beruhigung der Veränderungen der Ebenheit der Fahrbahndecken eingetreten. In der Tendenz ist ein mehr oder weniger schwaches Wiederansteigen der Unebenheiten erkennbar, welches darauf hin deutet, daß eine allmähliche natürlich bedingte Verformung der Gesamtstraßenkonstruktion eingesetzt hat.

Zusammenfassend ist festzustellen, daß die Veränderungen der Ebenheit der Fahrbahndecke innerhalb des ersten Jahres unter Verkehrseinfluß bei sich überlagernden Einflüssen aus Bewegungen im Untergrund, Nachkompression innerhalb der Gesamtdeckenkonstruktion sowie der Erscheinung des Nachbügelns unter Verkehr ein relativ stark wechselndes Bild zeigen, wobei aber in der Tendenz eine Verbesserung der Ebenheit zu erkennen ist, daß also der als Nachbügeln zu bezeichnende Einfluß der stärkere ist. Nach Ablauf des ersten Jahres unter Verkehr tritt eine weitgehende Beruhigung in der Veränderung der Ebenheit der Fahrbahndecken ein, bei allmählich mehr oder weniger schwach wiederansteigender Zunahme der Unebenheiten, welche als natürlich bedingte Verformung der Gesamtdeckenkonstruktion zu werten ist. Es ist jedoch laut Abbildungen der Anlage 15 zu erkennen, daß bislang noch bei keiner Deckenkonstruktion die Unebenheiten der Anfangsmessung überschritten worden sind, mithin alle Deckenkonstruktionen mindestens noch genau so eben sind wie vor der Verkehrsübergabe.

In Beantwortung der gemäß Zielsetzung der Versuchsstrecke gestellten Frage, in welchem Maße sich die im Bereich des Schwarzdeckenteils ausgeführten Deckenkonstruktionen bewährt haben, ist festzustellen, daß alle Deckenkonstruktionen bislang eine durchaus zufriedenstellende Haltbarkeit gezeigt heben.

Es ist jedoch noch Stellung zu nehmen zu der Frage, ob eine unterschiedliche Haltbarkeit bei den verschiedenen Deckenkonstruktionen zu verzeichnen ist.

Bei Beantwortung der gestellten Frage wird als Maß für die Haltbarkeit der einzelnen Deckenkonstruktionen deren mittlere Änderung der Ebenheit im Verlaufe der Zeit angesetzt. Ein Ausdruck für die mittlere Änderung der Ebenheit im Verlaufe der Zeit ist die mittlere Ebenheit der einzelnen Deckenkonstruktionen zu den jeweiligen Wiederholungsmessungen bezogen auf die Ebenheit der einzelnen Deckenkonstruktionen zur Zeit der Anfangsmessung. Rechenwerte für die Änderung der Ebenheit im Verlaufe der Zeit lassen sich nach der Formel ermitteln:

$$\text{Änderung der Ebenheit} = \frac{\text{Mittelwert der Ebenheit 1955 bis 1958} \cdot 100}{\text{Ebenheit Herbst 1954}} \text{ in \%}$$

Das Ergebnis der nach obiger Formel bestimmten mittleren Änderungen der Ebenheit ist in Tabelle 10, Spalte 4 zusammengestellt, so daß also Spalte 4 die mittlere Ebenheit zu den Wiederholungsmessungen in % von der Anfangsmessung enthält.

In Spalte 5 der Tabelle 10 und Abbildung 17 sind die Ergebnisse für die mittleren Änderungen der Ebenheiten noch einmal zusammengestellt, wobei das Ergebnis für den Versuchsstreckenabschnitt mit Schüttpacklage, für die Normalausführung also, gleich 100 % gesetzt ist.

Tabelle 10

Mittlere Änderungen der Ebenheiten

Versuchsstrecken-abschnitt	Ebenheit Herbst 1954 in [mm]	Mittl. Ebenheit von 1955-1958 in [mm]	Mittl. Änderung der Ebenheit in [%]	Mittl. Änderung der Ebenheit in % v.d. Normalausführung
1	2	3	4	5
20 cm Setzpacklage auf bitum. Bodenverf.	1,572	1,399	89,0	100,0
25 cm Setzpacklage auf Kiessand	1,617	1,541	95,4	107,0
26 cm Schüttpacklage auf Planum (Normalausführung)	1,688	1,500	89,0	104,0
15 cm Zementbetonunterbau	1,731	1,482	85,6	96,0

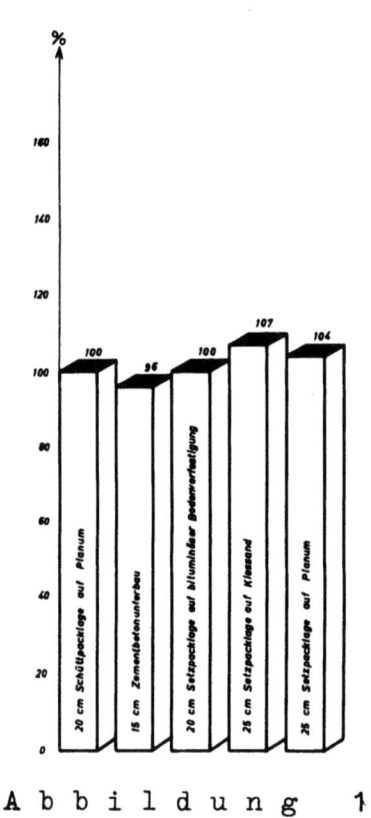

Abbildung 17

Mittlere Änderungen der Ebenheiten

Abbildung 17 läßt erkennen, daß die Deckenkonstruktion mit 15 cm Zementbetonunterbau sich bislang hinsichtlich ihrer Änderung in der Ebenheit am günstigsten verhalten hat und somit als die bessere Deckenkonstruktion betrachtet werden muß.

Von etwas geringerer Haltbarkeit haben sich die Deckenkonstruktionen mit Unterbauten aus 26 cm Schüttpacklage und 20 cm Setzpacklage auf bituminöser Bodenverfestigung erwiesen, während die Deckenkonstruktionen auf Unterbauten aus 25 cm reiner Setzpacklage bislang die geringere Standfestigkeit gezeigt haben.

3. Zusammenfassung

Im Hinblick auf die Zielsetzung der Versuchsstrecke, Aufschluß darüber zu erhalten, in welchem Maß sich die im Bereich des Schwarzdeckenteils ausgeführten Deckenkonstruktionen bislang bewährt haben, wobei die Frage zu klären ist, ob u.U. eine unterschiedliche Haltbarkeit bei den verschiedenen Deckenkonstruktionen zu verzeichnen ist, hat die Versuchsstrecke Aldekerk ergeben, daß alle Deckenkonstruktionen dem bislang auf der Versuchsstrecke liegenden Verkehr in zufriedenstellender Weise standgehalten haben. Es sind jedoch geringe Unterschiede in der Haltbarkeit der verschiedenen Deckenkonstruktionen dergestalt erkennbar, daß sich die Deckenkonstruktion mit einem 15 cm dicken Zementunterbau bislang am besten bewährt hat. Von etwas geringerer Haltbarkeit haben sich die Deckenkonstruktionen mit 26 cm Schüttpacklageunterbau und 20 cm Setzpacklageunterbau auf bituminöser Bodenverfestigung erwiesen, während die Deckenkonstruktionen mit 25 cm dickem, reinem Setzpacklageunterbau die relativ geringste Standfestigkeit aufgewiesen haben.

Es ist zu schließen, daß bei ähnlichen Verhältnissen wie bei der Versuchsstrecke Aldekerk Unterbauten aus Zementbeton oder Schüttpacklage (Schotterunterbau) bei Anordnung flexibler Deckenkonstruktionen der Vorzug zu geben ist. Die Anwendung von in der Haltbarkeit nicht zu unterschätzender Setzpacklage auf bituminöser Bodenverfestigung dürfte aus wirtschaftlichen Gründen ausscheiden.

Aachen, den 14.4.1960

Prof. Dr.-Ing. Bernhard Renfert
Baurat Dipl.-Ing. Karl Heisig
Dipl.-Ing. Josef Thelen

Anlage 1, Abbildung 1

Übersichtsplan über die Neubaustrecke der B 60
zwischen Aldekerk und Wachtendonk

Additional information of this book

(Untersuchungen über Bodenverfestigung des Untergrunds zur Feststellung der technischen und wirtschaftlichen Auswirkungen auf den Unterbau bzw. auf die Straßenbetonfahrbahnplatten sowie Untersuchungen flexibler Deckenkonstruktionen auf verschiedenen Unterbauarten; 978-3-663-07636-0; 978-3-663-07636-0_OSFO1) is provided:

http://Extras.Springer.com

Anlage 2, Abbildung 1

Übersichtsplan über die Versuchsstrecke im Betondeckenteil

Additional information of this book

(Untersuchungen über Bodenverfestigung des Untergrunds zur Feststellung der technischen und wirtschaftlichen Auswirkungen auf den Unterbau bzw. auf die Straßenbetonfahrbahnplatten sowie Untersuchungen flexibler Deckenkonstruktionen auf verschiedenen Unterbauarten; 978-3-663-07636-0; 978-3-663-07636-0_OSFO2) is provided:

http://Extras.Springer.com

<u>Anlage 3, Abbildungen 1 bis 6</u>

Längsschnitt durch die Versuchsstrecke im Bereich des Schwarzdeckenteils und Einzeldarstellungen der verschiedenen Deckenkonstruktionen

Anlage 3, Abbildung 1

Längsschnitt durch die Versuchsstrecke Aldekerk-Wachtendonk (B 60) im Bereich des Schwarzdeckenteils

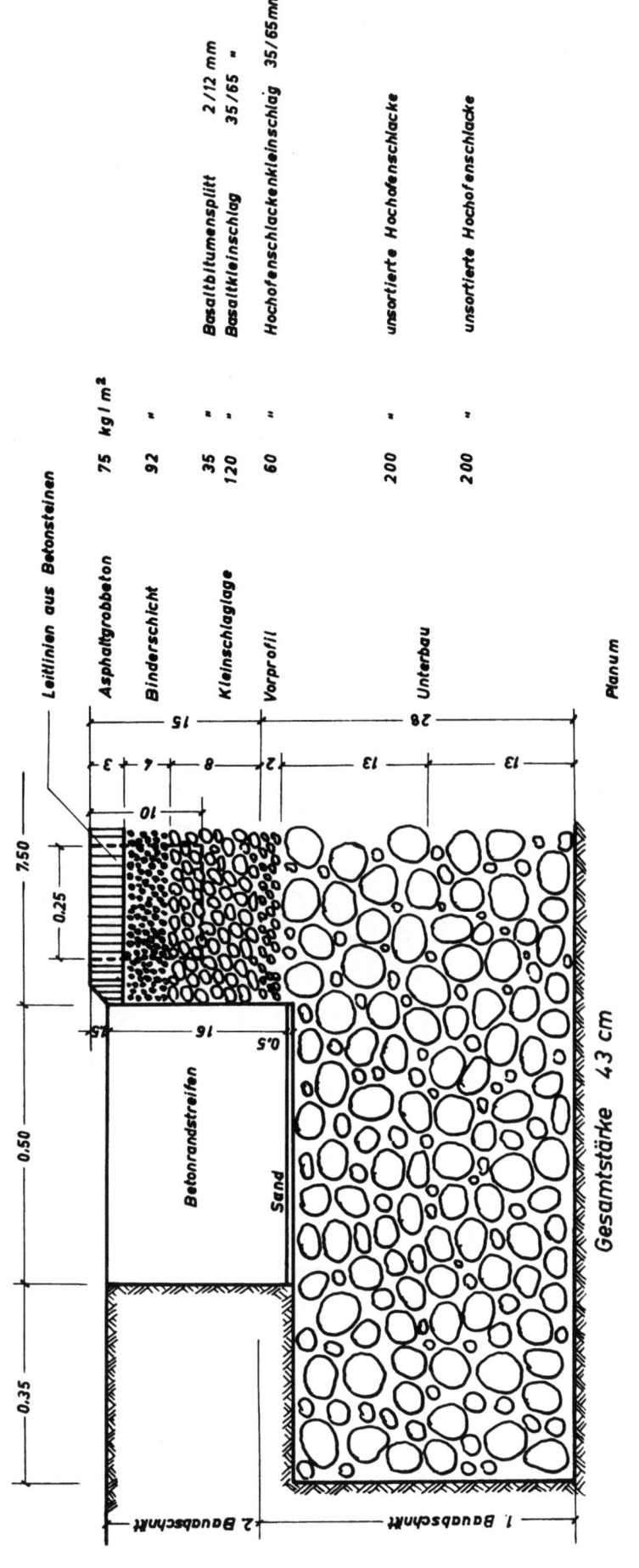

Abschnitt 1: km 1,200 bis 1,500
Normalausführung mit unsortierter Hochofenschlacke

Anlage 3, Abbildung 2

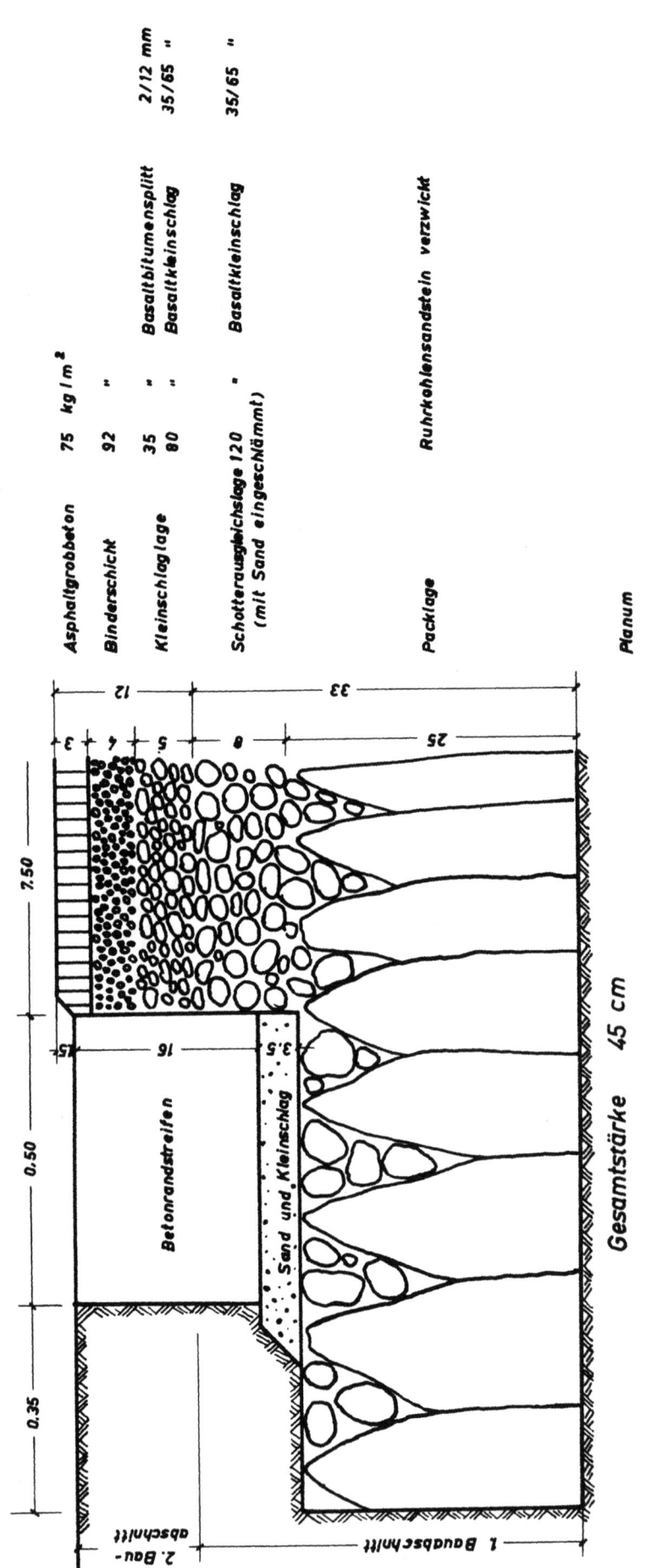

Anlage 3, Abbildung 3
Abschnitt 2: km 1,500 bis 1,800
Normalausführung mit Packlage

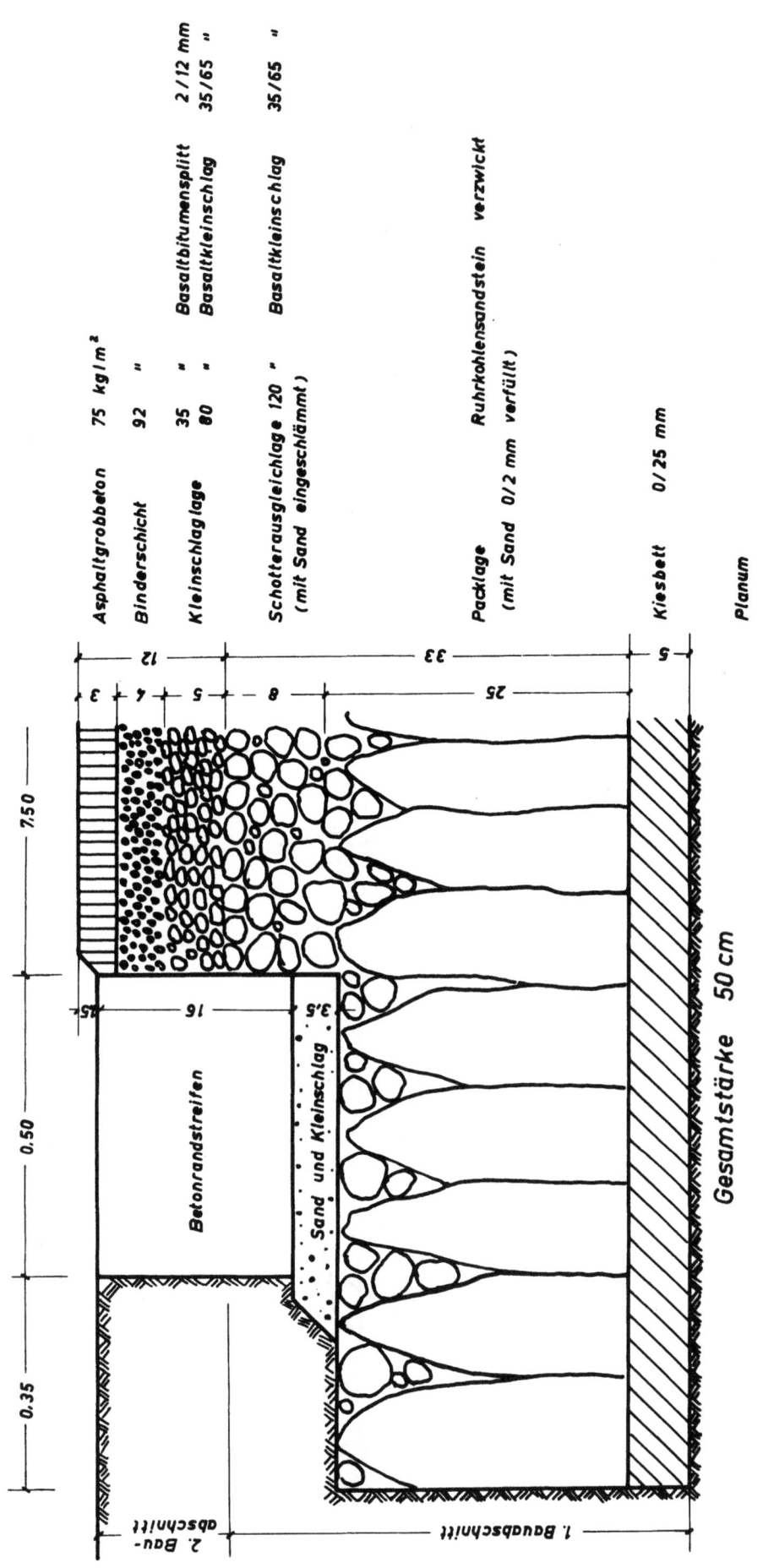

Anlage 3, Abbildung 4

Abschnitt 3: km 1,800 bis 2,100

Normalausführung mit Packlage, Hohlräume mit Sand und Kies verfüllt

Seite 69

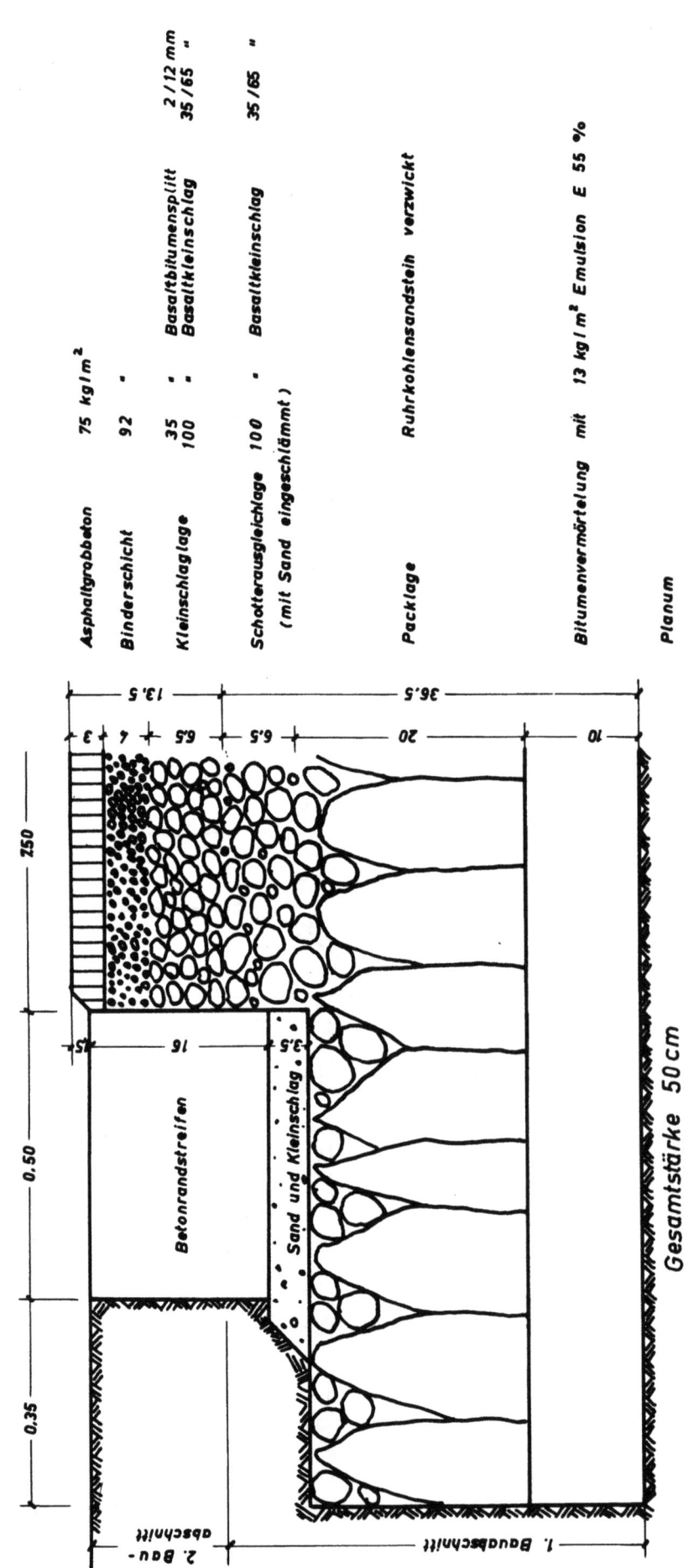

Anlage 3, Abbildung 5

Abschnitt 4: km 2,100 bis 2,400

20 cm Packlage auf mit Bitumen vermörteltem Planum

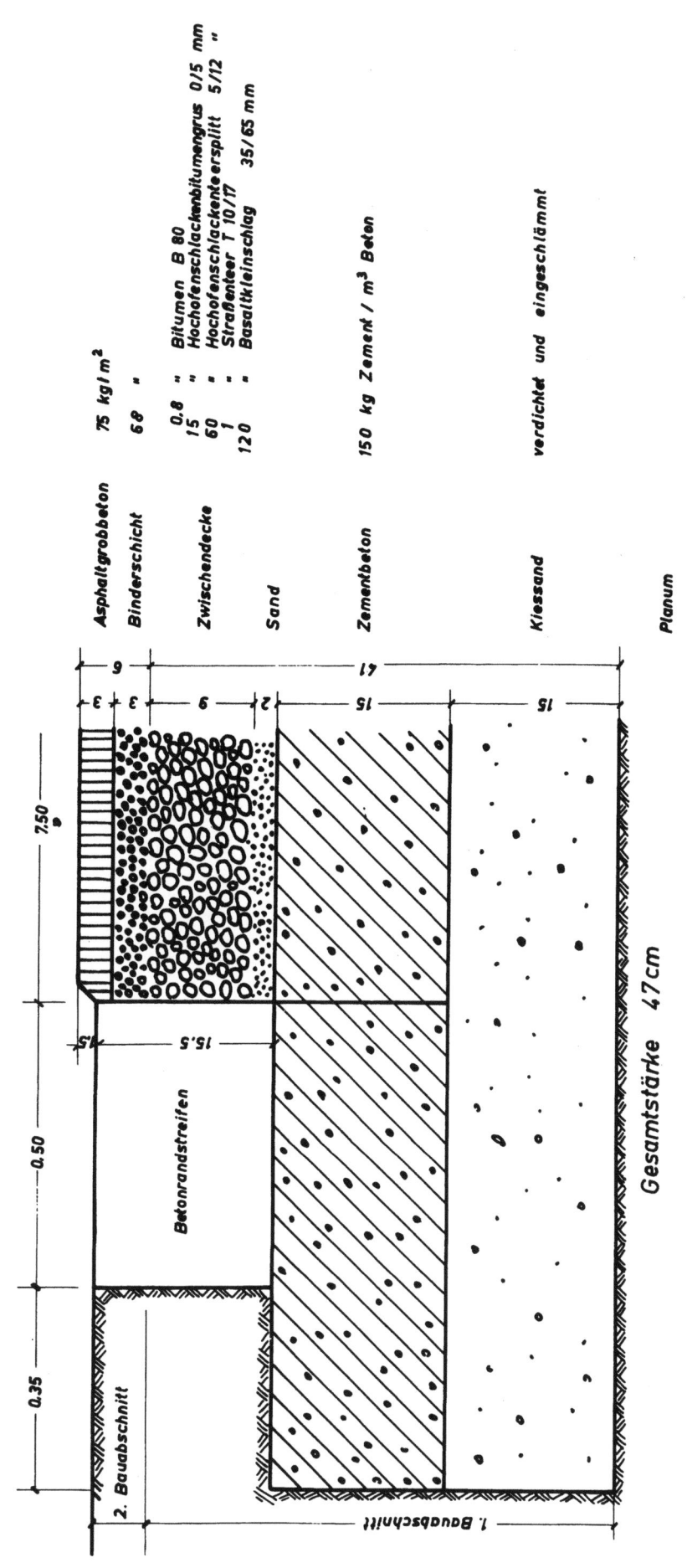

Anlage 3, Abbildung 6

Abschnitt 5: km 2,400 bis 2,700

Unterbau aus Zementbeton ohne Fugen mit Zwischendecke als vorläufige Fahrbahn

Anlage 4, Tabellen 1 bis 5

Verschiebungen ϑ_n der Fahrbahnplatten

Anlage 4, Tabelle 1

Verschiebungen ϑ_n der Fahrbahnplatten

Art der Bodenverf.	Feldnummer	Lfd.Nr. des Punktes	Frühj. 1954 - Herbst 1954	Frühj. 1954 - Frühj. 1955	Frühj. 1954 - Herbst 1955	Frühj. 1954 - Frühj. 1956	Frühj. 1954 - Herbst 1956	Frühj. 1954 - Herbst 1957	Frühj. 1954 - Herbst 1958
Ohne Bodenverfestigung	635	1	+ 1,5	+ 3,5	+ 3,5	+ 3,0	+ 3,0	+ 3,0	+ 2,5
		2	+ 2,5	+ 3,0	+ 3,0	+ 1,5	+ 2,0	+ 3,0	+ 2,0
		3	+ 1,0	+ 2,5	+ 2,0	+ 1,5	+ 2,0	+ 0,5	+ 0,5
		4	+ 1,0	+ 3,0	+ 2,0	+ 1,0	+ 4,0	+ 1,0	+ 0,5
		T_1	- 2,0	- 1,0	- 1,0	- 3,0	- 2,0	- 2,0	- 3,0
	637	5	+ 2,0	+ 3,0	+ 2,5	+ 1,5	+ 2,5	+ 2,0	+ 1,0
		6	- 0,5	+ 0,5	0,0	0,0	+ 1,5	+ 0,5	- 0,5
		7	+ 0,5	+ 2,0	+ 0,5	+ 2,5	+ 1,5	+ 1,0	+ 0,5
		8	- 2,0	0,0	- 1,0	- 1,5	- 0,5	- 1,5	- 1,5
		T_2	0,0	+ 2,0	+ 1,5	+ 0,5	+ 1,0	+ 2,0	0,0
	639	9	0,0	+ 2,5	+ 1,0	+ 1,0	+ 1,5	+ 1,0	0,0
		10	+ 0,5	+ 2,5	+ 1,5	+ 2,5	+ 2,5	+ 1,5	+ 1,0
		11	- 2,5	- 0,5	- 1,5	+ 0,5	- 2,5	- 2,5	- 3,5
		12	- 0,5	+ 1,0	0,0	+ 2,0	0,0	- 1,0	- 1,5
		T_3	- 1,0	+ 1,5	+ 0,5	+ 2,5	+ 1,0	+ 1,5	+ 0,5
	641	13	- 0,5	+ 2,0	+ 1,5	+ 2,5	0,0	0,0	- 0,5
		14	0,0	+ 0,5	- 0,5	+ 2,5	0,0	- 0,5	- 1,5
		15	0,0	- 1,0	- 1,0	- 0,5	- 2,5	- 2,0	- 3,0
		16	+ 0,5	+ 1,5	+ 1,0	+ 2,0	- 0,5	- 0,5	- 2,0
		T_4	- 1,5	0,0	- 0,5	+ 1,5	- 1,5	- 1,0	- 2,5
	643	17	- 0,5	- 0,5	- 0,5	+ 1,0	- 2,0	- 2,0	- 3,0
		18	+ 0,5	+ 1,0	+ 0,5	+ 3,0	+ 1,0	- 1,0	- 1,0
		19	+ 0,5	+ 1,5	+ 2,0	+ 3,0	+ 1,5	+ 2,0	+ 1,5
		20	+ 2,5	+ 3,0	+ 3,0	+ 4,0	+ 2,0	+ 2,5	+ 2,0
		T_5	+ 2,5	+ 2,0	+ 1,0	+ 3,5	+ 1,5	+ 4,0	+ 1,5
	645	21	+ 5,5	+ 4,5	+ 5,5	+ 3,5	+ 4,5	+ 5,0	+ 5,5
		22	+ 3,0	+ 3,5	+ 3,5	+ 3,0	+ 3,5	+ 3,0	+ 4,0
		23	+ 6,5	+ 7,5	+ 6,5	+ 6,0	+ 6,0	+ 5,0	+ 5,5
		24	+ 6,5	+ 5,5	+ 7,5	+ 6,5	+ 5,0	+ 6,5	+ 7,0
		T_6	+ 4,5	+ 6,0	+ 5,0	+ 3,5	+ 5,5	+ 7,5	+ 5,0
	647	25	0,0	- 0,5	- 1,5	- 1,5	- 1,5	- 2,0	- 1,0
		26	0,0	0,0	- 1,5	- 1,0	- 3,5	- 2,0	- 1,0
		27	- 5,0	- 5,0	- 5,5	- 4,0	- 7,0	- 7,0	- 7,0
		28	- 1,0	0,0	- 1,0	- 1,0	- 3,0	- 2,5	- 3,5
		T_7	- 2,5	- 2,5	- 4,0	- 4,5	- 5,5	- 3,5	- 4,0
	649	29	- 1,5	- 3,5	- 1,5	- 2,0	- 4,5	- 4,0	- 3,0
		30	- 2,0	- 3,0	- 3,0	- 2,5	- 6,0	- 5,0	- 5,0
		31	- 2,5	- 2,5	- 3,5	- 0,5	- 5,0	- 5,0	- 5,5
		32	0,0	+ 0,5	- 0,5	+ 2,0	- 2,0	- 2,5	- 2,5
		T_8	- 3,0	- 2,0	- 3,5	- 1,0	- 5,5	- 3,0	- 4,0
	641	33	0,0	+ 1,0	+ 0,5	+ 3,0	- 1,5	- 2,0	- 2,0
		34	- 2,0	- 2,5	- 3,0	+ 1,0	- 4,0	- 4,5	- 5,0
		35	- 1,0	- 1,5	- 3,5	+ 0,5	- 4,0	- 3,5	- 4,5
		36	+ 1,0	+ 0,5	+ 0,5	+ 2,5	- 2,0	- 2,0	- 1,5
		T_9	- 2,0	- 2,0	- 2,5	+ 0,5	- 4,0	- 4,0	- 4,5

Anlage 4, Tabelle 2

Verschiebungen ϑ_n der Fahrbahnplatten

Art der Bodenverf.	Feldnummer	Lfd.Nr. des Punktes	Frühj. 1954 - Herbst 1954	Frühj. 1954 - Frühj. 1955	Frühj. 1954 - Herbst 1955	Frühj. 1954 - Frühj. 1956	Frühj. 1954 - Herbst 1956	Frühj. 1954 - Herbst 1957	Frühj. 1954 - Herbst 1958
Bodenverfestigung mit Portland-Zement	653	41	+ 2,5	+ 1,5	+ 1,0	+ 3,0	0,0	- 2,0	- 3,0
		42	- 0,5	- 1,5	- 1,5	+ 2,0	- 4,0	- 3,0	- 5,5
		43	+ 2,0	+ 1,0	+ 1,5	+ 4,5	+ 1,0	+ 1,0	- 0,5
		44	+ 2,0	+ 1,0	+ 1,0	+ 5,5	+ 1,0	0,0	- 0,5
		T_{10}	+ 0,5	- 1,0	- 1,5	+ 2,5	- 1,5	- 1,5	- 2,0
	655	49	+ 0,5	+ 1,5	+ 2,0	- 1,0	+ 2,5	+ 2,5	+ 1,0
		50	0,0	+ 0,5	+ 1,5	0,0	+ 2,5	+ 2,5	+ 1,5
		51	+ 4,0	+ 6,0	+ 6,0	+ 6,0	+ 1,5	+ 6,0	+ 6,0
		52	+ 4,0	+ 6,0	+ 7,0	+ 5,0	+ 6,5	+ 6,0	+ 7,5
		T_{11}	+ 1,0	+ 3,5	+ 4,0	+ 2,0	+ 4,5	+ 4,0	+ 5,0
	657	57	0,0	+ 3,0	+ 4,0	+ 2,0	- 2,5	+ 2,5	+ 3,0
		58	- 0,5	+ 2,0	+ 2,5	+ 2,0	+ 2,5	+ 1,5	+ 2,0
		59	- 1,5	+ 0,5	+ 1,5	+ 6,0	- 1,0	- 1,5	- 1,5
		60	- 0,5	- 2,0	+ 2,0	+ 5,5	0,0	- 1,5	- 1,0
		T_{12}	- 6,0	- 3,0	- 2,0	0,0	- 4,0	- 0,5	- 3,0
	659	65	- 1,5	+ 1,0	+ 3,5	+ 3,5	0,0	- 1,0	- 1,5
		66	0,0	+ 1,0	+ 3,0	+ 5,0	+ 2,0	0,0	- 0,5
		67	- 1,5	+ 1,5	+ 4,0	+ 2,5	+ 0,5	+ 1,0	+ 1,0
		68	- 1,0	+ 2,5	+ 3,0	+ 3,0	+ 0,5	+ 1,0	+ 1,0
		T_{13}	- 3,0	+ 1,0	+ 6,5	- 5,0	- 0,5	- 0,5	- 0,5
	661	73	- 0,5	+ 2,0	+ 3,0	+ 2,5	+ 1,5	+ 1,0	+ 1,5
		74	- 2,0	+ 0,5	+ 2,0	+ 2,0	+ 1,0	0,0	+ 0,5
		75	- 5,0	- 2,5	- 2,0	- 2,5	- 4,0	- 3,0	- 3,5
		76	- 2,0	+ 1,0	+ 1,5	+ 2,0	0,0	- 0,5	0,0
		T_{14}	- 3,5	0,0	0,0	0,0	- 1,0	- 1,0	- 2,0
	663	81	- 2,5	- 0,5	+ 1,0	+ 1,0	- 1,0	- 1,0	- 1,0
		82	- 2,5	- 1,0	- 2,0	+ 2,0	- 1,0	- 0,5	- 1,5
		83	- 1,0	- 4,5	- 1,0	+ 0,5	- 0,5	- 0,5	- 1,5
		84	- 0,5	0,0	- 0,5	0,0	- 0,5	- 0,5	- 0,5
		T_{15}	- 3,0	+ 0,5	- 1,0	+ 1,0	- 1,0	- 1,0	- 1,0
	665	89	+ 0,5	+ 0,5	- 3,0	+ 1,0	- 2,0	- 2,0	- 3,5
		90	+ 1,0	+ 1,0	- 2,5	+ 3,0	- 2,0	+ 0,5	--
		91	+ 2,0	+ 2,5	+ 0,5	+ 4,0	- 0,5	- 0,5	- 0,5
		92	- 1,0	- 1,0	- 1,5	+ 2,5	- 1,5	- 2,5	- 3,0
		T_{16}	+ 1,5	+ 1,5	+ 0,5	+ 6,0	0,0	+ 1,5	+ 0,5
	667	97	- 0,5	- 0,5	- 1,5	+ 2,0	- 2,5	- 3,0	- 3,5
		98	+ 0,5	+ 1,0	- 1,0	+ 4,0	- 1,5	- 1,5	- 1,5
		99	- 1,0	0,0	- 2,0	+ 3,0	- 3,5	- 3,5	- 4,0
		100	+ 0,5	+ 2,5	+ 0,5	+ 5,5	- 0,5	- 1,0	- 1,5
		T_{17}	- 1,5	- 0,5	+ 1,0	+ 3,0	- 2,5	- 2,0	- 2,0
	669	105	+ 0,5	+ 3,0	+ 0,5	+ 6,0	- 0,5	- 1,0	- 2,0
		106	+ 2,0	+ 2,0	0,0	+ 6,0	- 2,0	- 2,0	- 2,5
		107	- 1,0	+ 1,0	- 2,0	+ 5,0	- 3,5	- 4,0	- 5,5
		108	+ 2,0	+ 3,5	+ 1,0	+ 7,0	- 1,0	- 1,0	- 3,0
		T_{18}	- 1,0	- 0,5	- 2,0	+ 4,0	- 2,5	- 3,0	- 3,0

Anlage 4, Tabelle 3

Verschiebungen ϑ_n der Fahrbahnplatten

Art der Bodenverf.	Feldnummer	Lfd.Nr. des Punktes	Frühj. 1954 - Herbst 1954	Frühj. 1954 - Frühj. 1955	Frühj. 1954 - Herbst 1955	Frühj. 1954 - Frühj. 1956	Frühj. 1954 - Herbst 1956	Frühj. 1954 - Herbst 1957	Frühj. 1954 - Herbst 1958
Bodenverfestigung mit Traß-Zement	671	113	+ 4,0	+ 5,0	+ 1,0	+ 7,0	- 1,5	0,0	--
		114	+ 1,0	+ 2,0	- 0,5	+ 4,5	- 3,0	- 3,0	- 4,5
		115	+ 0,5	+ 2,0	0,0	+ 6,5	- 2,5	- 1,5	- 2,0
		116	+ 0,5	+ 3,0	0,0	+ 7,5	- 1,0	0,0	- 0,5
		T_{19}	- 0,5	+ 2,0	0,0	+ 6,5	- 1,0	- 1,0	- 1,0
	673	121	+ 2,0	+ 4,5	+ 1,5	+ 8,0	+ 1,0	+ 1,0	0,0
		122	0,0	+ 2,0	- 1,0	+ 6,5	- 2,5	- 1,5	- 3,0
		123	+ 2,5	+ 3,5	+ 0,5	+ 8,5	0,0	+ 2,0	- 0,5
		124	0,0	+ 4,5	+ 1,0	+ 8,0	+ 1,5	+ 2,0	+ 1,5
		T_{20}	0,0	0,0	- 1,5	+ 5,5	- 1,5	- 0,5	- 1,5
	675	129	-11,0	- 8,0	- 9,5	- 7,5	- 9,5	- 9,0	-12,5
		130	-10,5	- 8,5	- 9,5	- 9,5	- 9,5	- 7,5	-12,0
		131	- 6,0	- 5,0	- 5,5	- 6,5	- 7,5	- 6,5	-10,0
		132	- 8,0	- 6,5	- 7,0	- 7,5	-10,0	- 9,0	-12,5
		T_{21}	-10,0	- 9,5	- 9,0	-10,5	- 9,5	-10,0	-12,0
	677	137	- 3,0	- 2,5	- 3,0	- 6,0	- 8,0	- 6,5	--
		138	- 3,5	- 2,5	+ 0,5	- 2,5	- 3,5	- 2,0	--
		139	- 7,0	- 4,0	- 7,5	- 2,5	- 5,5	- 4,0	- 7,5
		140	- 7,0	- 3,5	- 2,0	- 2,5	- 4,5	- 4,0	- 7,0
		T_{22}	- 2,0	- 6,5	- 3,0	- 4,5	- 5,0	- 5,5	- 6,5
	679	145	- 6,0	- 2,5	- 2,0	- 1,0	- 4,0	- 3,0	- 5,5
		146	- 6,0	- 3,5	- 2,5	- 2,0	- 5,5	- 3,5	- 7,0
		147	- 6,0	- 3,5	- 3,0	- 3,0	- 6,5	- 4,0	- 7,0
		148	- 6,5	- 3,0	- 2,0	- 2,5	- 4,5	- 2,5	- 5,5
		T_{23}	- 7,0	- 5,0	- 7,5	- 3,0	- 5,0	- 5,0	- 6,5
	681	153	- 6,0	- 3,0	- 3,0	- 2,5	- 4,0	- 2,5	- 6,0
		154	- 7,5	- 6,0	- 4,0	- 4,0	- 7,0	- 5,5	- 8,5
		155	- 7,0	- 4,5	- 4,0	- 5,5	- 6,5	- 4,5	- 8,5
		156	- 6,0	- 4,0	- 3,5	- 6,0	- 5,5	- 3,5	- 6,5
		T_{24}	- 8,0	- 8,5	- 4,5	- 7,0	- 8,0	- 7,0	- 9,0
	683	161	- 7,0	- 3,5	- 4,0	0,0	- 6,0	- 3,5	- 7,0
		162	- 7,0	- 3,5	- 4,5	- 6,0	- 6,0	- 4,5	- 7,5
		163	- 6,0	- 4,0	- 5,5	- 7,5	- 6,5	- 3,5	- 7,0
		164	- 5,5	- 3,0	- 4,5	- 6,5	- 4,0	- 3,0	- 5,0
		T_{25}	- 7,0	- 6,5	- 6,5	- 8,5	- 7,5	- 6,5	- 8,5
	685	169	- 4,5	- 8,5	- 0,5	- 3,5	- 3,0	- 3,0	- 5,0
		170	- 6,5	- 8,0	+ 1,0	- 5,5	- 5,5	- 5,0	- 8,5
		171	- 5,0	- 6,0	0,0	- 2,0	- 3,5	- 2,5	- 6,0
		172	- 2,5	- 8,0	0,0	+ 1,0	- 0,5	+ 0,5	- 3,0
		T_{26}	- 5,5	-10,0	- 3,0	- 4,5	- 4,0	- 4,5	- 7,5
	687	177	- 1,0	- 1,5	- 1,5	+ 2,0	+ 2,0	+ 2,0	- 1,5
		178	- 2,5	- 4,0	- 3,0	+ 1,0	- 0,5	+ 0,5	- 3,0
		179	- 3,5	- 5,0	- 5,5	- 3,5	- 2,5	- 6,5	-10,0
		180	- 1,5	- 3,0	- 2,5	- 1,0	+ 2,0	- 0,4	- 7,5
		T_{27}	- 8,5	- 9,5	-10,0	- 7,5	- 8,5	-10,5	-12,0

Anlage 4, Tabelle 4

Verschiebungen ϑ_n der Fahrbahnplatten

Art der Boden-verf.	Feld-num-mer	Lfd.Nr. des Punktes	Frühj. 1954 - Herbst 1954	Frühj. 1954 - Frühj. 1955	Frühj. 1954 - Herbst 1955	Frühj. 1954 - Frühj. 1956	Frühj. 1954 - Herbst 1956	Frühj. 1954 - Herbst 1957	Frühj. 1954 - Herbst 1958
Bodenverfestigung mit Bitumen	689	185	- 6,5	- 9,0	- 8,0	- 6,5	- 7,5	- 8,5	-12,5
		186	- 5,5	- 7,0	- 7,0	- 5,5	-10,0	- 8,5	-12,0
		187	- 5,0	- 7,5	- 8,0	- 6,5	- 9,5	- 9,0	-13,0
		188	- 5,5	- 8,5	- 6,5	- 7,5	-10,0	- 8,5	-12,5
		T_{28}	- 9,0	- 9,0	- 9,5	- 7,5	- 9,5	-10,0	-14,0
	691	193	- 7,5	- 7,5	- 7,5	- 8,5	-11,0	-10,0	-14,0
		194	- 5,5	- 5,5	- 6,0	- 7,5	- 8,5	- 8,5	-14,5
		195	- 5,0	- 7,0	- 6,0	- 8,5	- 8,5	- 7,0	-10,0
		196	- 5,5	- 6,5	- 5,5	- 9,5	- 7,5	- 7,0	-11,0
		T_{29}	- 8,0	- 8,5	- 7,5	- 9,5	- 8,5	- 9,5	-13,5
	693	201	- 5,5	- 7,5	- 5,5	- 8,5	- 8,0	- 7,5	-10,5
		202	- 4,5	- 6,5	- 5,0	- 8,0	- 7,5	- 6,5	- 9,5
		203	- 2,5	- 2,0	- 4,5	- 6,0	- 4,0	- 4,5	- 7,5
		204	- 3,5	- 5,5	- 4,5	- 8,0	- 7,0	- 8,0	--
		T_{30}	- 7,0	- 8,0	- 5,5	-10,0	- 8,0	- 8,5	-10,5
	695	209	- 5,5	- 7,5	- 8,0	- 3,5	- 7,0	- 7,0	- 8,5
		210	- 5,0	- 7,0	- 6,0	- 5,0	- 6,0	- 4,5	- 6,5
		211	- 2,5	- 4,5	- 4,0	- 2,5	- 4,5	- 4,5	- 7,0
		212	- 2,5	- 3,5	- 4,0	- 3,0	- 4,5	- 5,0	- 7,0
		T_{31}	- 4,5	- 4,5	- 5,5	- 5,0	- 2,5	- 4,0	- 6,5
	697	217	- 3,0	- 4,5	- 4,0	- 5,0	- 5,0	- 6,0	- 8,5
		218	- 1,5	- 2,5	- 2,5	- 2,0	- 3,0	- 3,5	- 5,0
		219	0,0	- 2,0	+ 1,0	+ 3,5	- 2,0	- 1,5	- 4,5
		220	- 1,5	- 2,0	- 0,5	+ 1,5	- 3,0	- 3,5	- 5,5
		T_{32}	- 2,5	- 2,0	- 2,5	- 0,5	- 4,5	- 4,0	- 6,0
	699	225	- 1,5	0,0	- 1,0	+ 0,5	- 4,0	- 4,0	- 6,0
		226	- 1,0	- 1,5	- 0,5	+ 2,0	- 3,0	- 2,0	- 4,5
		227	- 1,0	- 2,5	- 0,5	+ 4,0	- 5,0	- 3,5	- 7,5
		228	- 1,0	- 3,5	- 0,5	+ 1,5	- 5,0	- 5,0	- 9,0
		T_{33}	- 3,0	- 4,0	- 2,5	+ 1,5	- 5,0	- 5,0	- 7,0
	701	233	- 1,5	- 2,0	- 1,0	+ 2,5	- 4,0	- 4,0	- 7,5
		234	- 0,5	- 2,5	- 0,5	+ 4,0	- 4,0	- 4,0	- 6,5
		235	- 1,5	- 3,0	- 2,5	+ 1,5	- 5,0	- 4,0	- 6,0
		236	- 0,5	- 1,5	- 1,0	- 3,5	- 3,0	- 2,5	- 5,0
		T_{34}	- 2,5	- 2,5	- 0,5	+ 1,0	- 5,0	- 4,5	- 7,0
	703	241	- 1,5	- 2,0	- 1,5	+ 1,0	- 4,5	- 3,5	- 6,5
		242	- 4,0	- 5,5	- 4,5	- 0,5	- 6,0	- 6,0	- 8,5
		243	- 2,5	- 4,0	- 5,0	- 0,5	- 5,5	- 5,0	- 7,5
		244	- 3,5	- 4,5	- 4,5	- 2,0	- 7,5	- 5,0	- 7,5
		T_{35}	- 3,5	- 4,0	- 4,0	- 2,0	- 6,0	- 4,0	- 7,5
	705	249	- 4,0	- 4,5	- 7,0	- 9,5	- 5,0	- 7,0	- 6,5
		250	- 5,0	- 5,5	- 8,0	- 8,5	- 5,5	- 7,5	- 8,0
		251	- 3,0	- 4,0	-10,5	- 5,5	- 5,0	- 3,5	- 6,5
		252	0,0	- 0,5	- 1,0	- 1,5	0,0	- 1,0	+ 1,0
		T_{36}	- 6,0	-10,0	- 9,5	- 9,5	- 8,0	- 8,5	- 9,0

Anlage 4, Tabelle 5

Verschiebungen ϑ_n der Fahrbahnplatten

Art der Bodenverf.	Feldnummer	Lfd.Nr. des Punktes	Frühj. 1954 - Herbst 1954	Frühj. 1954 - Frühj. 1955	Frühj. 1954 - Herbst 1955	Frühj. 1954 - Frühj. 1956	Frühj. 1954 - Herbst 1956	Frühj. 1954 - Herbst 1957	Frühj. 1954 - Herbst 1958
Mechanische Bodenverfestigung	707	257	- 2,0	- 2,0	- 3,5	- 3,5	- 0,5	- 1,0	--
		258	- 3,0	- 1,0	- 3,5	- 1,5	- 2,0	+ 1,0	--
		259	- 0,5	- 1,5	- 2,0	- 1,0	- 2,0	- 1,0	- 3,5
		260	- 0,5	- 0,5	0,0	- 1,0	0,0	- 0,5	- 2,0
		T_{37}	- 4,5	- 5,5	- 5,5	- 6,5	- 6,0	- 4,5	- 7,5
	709	265	+ 0,5	0,0	+ 1,0	- 1,0	- 0,5	- 0,5	- 2,5
		266	- 2,0	- 2,0	- 2,0	- 1,5	- 1,5	- 1,5	- 3,0
		267	+ 0,5	- 0,5	- 0,5	- 2,5	- 2,5	- 0,5	- 2,0
		268	+ 0,5	+ 1,0	+ 2,5	- 1,5	0,0	- 0,5	- 2,0
		T_{38}	- 2,0	- 1,0	- 0,5	- 2,0	- 1,5	- 1,5	- 3,5
	711	273	- 0,5	+ 1,5	+ 2,5	- 2,0	- 0,5	+ 0,5	+ 3,5
		274	- 0,5	- 0,5	+ 1,0	- 2,0	0,0	- 0,5	- 0,5
		275	- 1,5	- 2,5	- 1,5	- 8,0	- 3,5	- 2,5	- 6,5
		276	- 0,5	- 0,5	+ 1,0	- 6,0	- 2,0	- 1,5	+ 1,5
		T_{39}	- 2,5	- 2,5	- 1,5	- 7,0	- 3,5	- 3,5	+ 1,5
	713	281	- 0,5	- 0,5	+ 1,0	- 8,5	- 1,0	- 1,0	- 3,5
		282	+ 2,5	+ 1,0	+ 2,5	- 8,0	+ 1,5	+ 1,0	+ 0,5
		283	+ 1,0	0,0	+ 0,5	- 6,0	0,0	+ 1,0	+ 1,0
		284	0,0	0,0	+ 1,5	- 8,0	0,0	+ 1,5	+ 0,5
		T_{40}	- 1,0	- 3,0	0,0	-10,0	- 1,0	- 1,0	- 1,5
	715	289	+ 1,5	+ 3,5	+ 1,0	+ 6,5	+ 3,5	+ 4,0	+ 3,5
		290	- 1,0	+ 0,5	- 2,0	+ 1,5	+ 0,5	0,0	- 0,5
		291	- 4,5	- 3,0	- 5,0	- 1,0	- 6,5	- 5,5	- 6,5
		292	- 0,5	+ 2,5	+ 0,5	+ 5,5	+ 1,5	+ 0,5	+ 1,5
		T_{41}	+ 1,0	+ 3,5	+ 1,5	+ 7,5	+ 4,0	+ 3,0	+ 1,5
	717	297	- 1,0	+ 2,0	+ 0,5	+ 4,0	+ 1,0	- 0,5	- 2,0
		298	0,0	+ 2,0	+ 0,5	+ 5,0	+ 1,5	+ 0,5	- 2,0
		299	- 1,0	- 1,0	- 1,0	- 3,0	- 2,5	- 3,0	- 5,0
		300	- 0,5	+ 2,0	+ 1,0	+ 3,5	- 1,5	- 2,0	- 4,0
		T_{42}	- 2,0	+ 0,5	- 1,5	+ 4,0	- 1,0	- 1,5	- 3,0
	719	305	- 1,0	+ 1,0	+ 0,5	+ 4,0	- 1,0	- 2,0	- 3,0
		306	0,0	+ 1,0	0,0	+ 6,0	- 2,0	- 3,0	- 4,5
		307	0,0	+ 2,0	- 1,5	+ 4,0	- 1,5	- 2,5	- 4,0
		308	- 2,0	+ 0,5	0,0	+ 0,5	- 2,5	- 3,0	- 5,5
		T_{43}	- 1,5	0,0	- 0,5	+ 6,0	- 1,0	- 1,0	- 5,5
	721	313	+ 1,0	+ 3,5	+ 2,5	+ 3,5	+ 1,0	+ 0,5	- 1,0
		314	+ 1,0	+ 3,0	0,0	+ 5,5	- 0,5	- 1,5	- 3,0
		315	0,0	+ 1,0	- 2,0	+ 1,0	- 1,0	- 2,0	- 3,5
		316	- 0,5	+ 2,5	- 1,0	+ 1,0	0,0	- 0,5	- 2,5
		T_{44}	- 1,0	+ 1,0	0,0	+ 3,0	- 1,0	- 1,0	- 2,5
	723	321	0,0	+ 3,0	- 1,0	+ 2,0	- 1,0	0,0	- 2,0
		322	+ 1,5	+ 2,5	0,0	+ 3,5	- 2,0	- 1,0	- 2,5
		323	- 1,0	0,0	- 4,0	- 2,0	- 6,0	- 5,0	- 9,0
		324	+ 0,5	+ 3,0	- 2,5	- 2,0	- 4,0	- 1,5	- 5,0
		T_{45}	- 0,5	+ 0,5	- 2,5	- 1,0	- 2,5	- 3,0	- 5,0

Anlage 5, Tabellen 1 bis 3

Verformungen $\dfrac{\Sigma |\delta_n|}{3}$ der Fahrbahnplatten

Anlage 5, Tabelle 1

Verformungen der Fahrbahnplatten $\frac{\Sigma|\delta_n|}{3}$

Art der Bodenverf.	Feldnummer	Frühjahr 1954 - Herbst 1954				Frühjahr 1954 - Frühjahr 1955				Frühjahr 1954 - Herbst 1955			
		δ_1	δ_2	δ_3	$\frac{\Sigma|\delta_n|}{3}$	δ_1	δ_2	δ_3	$\frac{\Sigma|\delta_n|}{3}$	δ_1	δ_2	δ_3	$\frac{\Sigma|\delta_n|}{3}$
Ohne Bodenverfestigung	635	-3,25	-3,75	-3,500	3,500	-4,00	-4,00	-4,000	4,000	-3,75	-3,50	-3,625	3,625
	637	-1,25	+1,25	0,000	0,833	-0,50	+1,75	+0,625	0,958	0,00	+2,00	+1,000	1,000
	639	+0,25	-1,00	-0,375	0,542	+0,50	-0,25	+0,125	0,292	+0,75	-0,25	+0,250	0,417
	641	-1,25	-1,75	-1,500	1,500	-0,50	-1,00	-0,750	0,750	-0,75	-0,75	+0,750	0,750
	643	+2,50	+1,00	+1,750	1,750	+1,50	0,00	+0,750	0,750	+0,25	-0,75	-0,250	0,417
	645	-1,50	-0,25	-0,875	0,875	0,00	+1,50	+0,750	0,750	-1,00	-0,50	-0,750	0,750
	647	0,00	-2,00	-1,000	1,000	-0,25	-2,50	-1,375	1,042	-0,50	-2,75	-1,625	1,625
	649	-1,50	-2,00	-1,500	1,500	+1,00	-0,75	+0,125	0,625	-1,00	-1,75	-1,375	1,375
	651	-1,50	-1,50	-1,500	1,500	-1,75	-1,00	-1,375	1,375	-1,00	-1,25	-1,125	0,750
Bodenverf. mit Portl.-Zement	653	-1,75	-0,25	-1,000	1,000	-2,25	-1,00	-1,675	1,625	-2,75	-1,25	-2,000	2,000
	655	-1,25	-1,00	-1,125	1,125	-0,25	+0,25	0,000	0,167	0,00	-0,25	-0,125	0,125
	657	-5,25	-5,50	-5,375	5,375	-4,75	-3,00	-3,875	3,875	-4,75	-4,25	-4,500	4,500
	659	-1,50	-2,50	-2,000	2,000	-0,25	-0,75	-0,500	0,500	-3,25	-3,00	-2,750	3,000
	661	-0,75	-1,50	-1,125	1,125	+0,25	-0,75	-0,250	0,417	-0,50	-1,75	-1,125	1,125
	663	-1,25	-1,50	-1,375	1,375	+3,00	+1,00	+2,000	2,000	-1,00	-0,25	-0,375	0,542
	665	+0,25	+1,50	+0,875	0,875	0,00	+1,50	+0,750	0,750	+1,75	+2,50	+2,125	2,125
	667	-0,75	-2,00	-1,375	1,375	-0,25	-2,25	-1,250	1,250	+2,75	+1,25	+2,000	2,000
	669	-0,75	-3,00	-2,375	2,042	-2,50	-3,25	-2,875	2,875	-1,25	-2,50	-1,875	1,875
Bodenverf. mit Traß-Zement	671	-2,75	-1,25	-2,000	2,000	-1,50	-0,50	-1,000	1,000	-0,50	+0,25	-0,125	0,292
	673	-2,25	0,00	-1,125	1,125	-4,00	-3,25	-3,625	3,625	-2,50	-1,50	-2,000	1,667
	675	-1,50	-0,75	-1,125	1,125	-3,00	-2,00	-2,500	2,500	-1,59	-0,75	-1,125	1,125
	677	-3,00	-3,25	-3,125	3,125	-3,25	-3,50	-3,375	3,375	+2,25	-2,25	0,000	1,500
	679	-1,00	-0,75	-0,875	0,875	-2,00	-1,75	-1,875	1,875	-5,00	-5,25	-5.125	5,125
	681	-1,50	-1,25	-1,375	1,375	-4,75	-3,50	-4,125	4,125	-1,00	-0,75	-0,875	0,875
	683	-0,50	-0,75	-0,875	0,708	-2,75	-3,25	-3,000	3,000	-1,75	-2,00	-1,875	1,875
	685	-0,75	-1,00	-0,875	0,875	-2,50	-2,25	-2,375	2,375	-2,12	-4,00	-3,255	3,125
	687	-6,25	-6,50	-6,375	6,375	-6,25	-6,00	-6,125	6,125	-6,50	-7,25	-6,875	6,875
Bodenverf. mit Bitumen	689	-3,25	-3,50	-3,375	3,375	-0,75	-1,25	-1,000	1,000	-1,50	-2,75	-2,125	2,125
	691	-1,75	-2,50	-2,125	2,125	-1,25	-2,50	-1,875	1,875	-0,75	-1,75	-1,250	1,250
	693	-3,00	-3,00	-3,000	3,000	-3,25	-2,00	-2,625	2,625	-1,50	-1,75	-1,625	1,625
	695	-0,50	-0,75	-0,625	0,625	+1,50	+0,75	+1,125	1,125	+0,50	-0,50	0,000	0,333
	697	-1,00	-1,00	-1,000	1,000	+1,25	+0,25	+0,750	0,750	-1,00	-1,00	-1,000	1,000
	699	-1,75	-2,00	-1,875	1,875	-2,75	-1,50	-2,125	2,125	-1,75	-2,00	-1,875	1,875
	701	-1,00	-2,00	-1,500	1,500	0,00	-0,50	-0,250	0,250	+1,25	+0,25	+0,750	0,750
	703	-1,50	+0,25	-0,625	0,792	-1,00	+1,00	0,000	0,667	-0,75	+0,50	-0,125	0,458
	705	-2,50	-3,50	-3,000	3,000	-5,75	-7,00	-6,375	6,375	-0,75	-5,00	-2,875	2,875
Mechanische Bodenverf.	707	-3,25	-2,75	-3,000	3,000	-3,75	-4,75	-4,250	4,250	-2,75	-3,75	-3,250	3,250
	709	-2,50	-1,25	-1,875	1,875	-0,75	-0,50	-0,625	0,625	-0,75	-0,75	-0,750	0,750
	711	-1,50	-2,00	-1,750	1,750	-2,00	-2,00	-2,000	2,000	-2,00	-2,50	-2,250	2,250
	713	-1,25	-2,25	+1,750	1,750	-2,75	-3,50	-3,125	3,125	-0,75	-2,00	-1,375	1,375
	715	+2,50	+1,75	+2,125	2,125	+0,25	+2,00	-2,625	1,625	+3,50	+2,25	+2,875	2,875
	717	-1,00	-1,75	-1,375	1,375	0,00	-1,50	-0,750	0,750	-1,25	-2,25	-1,750	1,750
	719	-1,00	0,00	-0,750	0,583	-1,50	-0,75	-4,125	1,125	0,00	-5,00	-0,250	1,750
	721	-1,50	-1,25	-1,375	1,375	-1,25	-1,75	-1,500	1,500	-0,25	+0,50	+0,125	0,292
	723	0,00	-1,50	-0,750	0,750	-1,00	-2,25	-1,625	1,625	0,00	-1,25	-0,625	0,625

Seite 80

Anlage 5, Tabelle 2

Verformungen der Fahrbahnplatten $\frac{\Sigma |\delta_n|}{3}$

Art der Bodenverfestigung	Nummer des Feldes	Frühjahr 1954 - Frühjahr 1956				Frühjahr 1954 - Herbst 1956			
		δ_1	δ_2	δ_3	$\frac{\Sigma\|\delta_n\|}{3}$	δ_1	δ_2	δ_3	$\frac{\Sigma\|\delta_n\|}{3}$
Ohne Bodenverfestigung	635	-5,25	-4,25	-4,750	4,750	-4,50	-5,00	-4,750	4,750
	637	-1,50	+1,25	-0,125	0,958	-1,00	+0,50	-0,250	0,583
	639	+1,75	+0,25	+1,000	1,000	+1,50	-0,25	+0,625	0,792
	641	+0,50	-0,75	-0,125	1,375	-0,25	-1,25	-0,750	0,750
	643	+1,50	0,00	+0,750	0,750	+1,75	0,00	+0,875	0,875
	645	-1,25	-1,25	-1,250	1,250	+0,25	+1,25	+0,750	0,750
	647	-1,75	-3,50	-2,625	2,625	-1,25	-2,25	-1,750	1,750
	649	+0,25	-0,75	-0,250	0,417	-0,75	-1,50	-1,125	1,125
	651	-1,25	-1,25	-1,250	1,250	-1,25	-1,00	-1,125	1,125
Bodenverf. mit Portl.-Zement	653	-1,25	-1,25	-1,250	1,250	-2,00	0,00	-1,000	1,000
	655	-0,50	-0,50	-0,500	0,500	+2,50	0,00	+1,250	1,250
	657	-4,00	-3,75	-3,875	3,875	-2,25	-5,25	-3,750	3,750
	659	-1,00	-1,75	-1,750	1,500	-0,75	-1,75	-1,250	1,250
	661	0,00	-2,00	-1,000	1,000	+0,25	-1,50	-0,625	0,792
	663	+0,25	0,00	+0,125	0,125	-0,75	-0,25	-0,250	0,250
	665	+3,50	+3,25	+3,375	3,375	+1,25	+1,75	+1,500	1,500
	667	+0,50	-1,75	-0,625	0,958	+0,50	-1,50	-0,500	0,825
	669	-1,50	-2,50	-2,000	2,000	-0,50	-1,00	-0,750	0,750
Bodenverf. mit Traß-Zement	671	-0,25	+0,50	+0,125	0,292	+1,00	+1,00	+1,000	1,000
	673	-2,75	-1,75	-2,250	2,250	-2,00	-1,00	-1,500	1,500
	675	-3,50	-2,00	-2,750	2,750	-1,00	+0,25	-0,375	0,542
	677	-0,25	-2,00	-1,125	1,125	+1,75	-1,00	+0,375	1,042
	679	-1,00	-0,75	-0,875	0,875	+0,25	0,00	+0,125	0,125
	681	-3,00	-2,00	-2,500	2,500	-2,75	-1,75	-2,250	2,250
	683	-4,75	-2,25	-3,500	3,500	-1,25	-2,50	-1,875	1,875
	685	-1,75	-2,25	-2,000	2,000	-0,75	-1,00	-0,875	0,875
	687	-6,25	-7,50	-7,125	7,125	-8,25	-9,25	-8,750	8,750
Bodenverf. mit Bitumen	689	-1,00	-1,00	-1,000	1,000	-1,00	+0,50	-0,250	0,583
	691	-1,00	-1,00	-1,000	1,000	+1,25	-0,50	+0,375	0,708
	693	-2,75	-2,00	-2,375	2,375	-2,00	-.075	-1,375	1,375
	695	-2,00	-1,00	-1,500	1,500	+3,25	+2,75	+3,000	3,000
	697	+0,25	-0,25	0,000	0,167	-1,00	-1,50	-1,250	1,250
	699	-0,75	-0,25	-0,500	0,500	-0,50	-1,00	-0,750	0,750
	701	-1,00	+0,75	-0,125	0,625	-0,50	-1,50	-1,000	1,000
	703	-2,25	-0,75	-1,500	1,500	-1,00	+0,75	-0,125	0,625
	705	-2,00	-4,50	-3,250	3,250	-3,00	-5,25	-4,125	4,125
Mechanische Bodenverf.	707	-4,25	-5,25	-4,750	4,750	-4,75	-5,00	-4,875	4,875
	709	-0,25	-0,50	-0,375	0,375	0,00	-0,75	-0,375	0,375
	711	-2,00	-3,00	-2,500	2,500	-1,50	-2,50	-2,000	2,000
	713	+2,75	+2,00	+2,375	2,375	-0,50	-1,75	-1,125	1,125
	715	+4,75	+4,00	+4,375	4,375	+5,50	+3,00	+4,250	4,250
	717	+0,50	-0,25	+0,225	0,292	-0,25	-1,00	-0,625	0,625
	719	+2,00	+2,75	+2,375	2,375	+0 25	+1,25	+0,750	0,750
	721	+0,75	-0,25	+0,25	0,417	-1,00	-0,75	-0,875	0,875
	723	-1,00	-1,75	-1,375	1,375	+1,00	+0,50	+0,750	0,750

Anlage 5, Tabelle 3

Verformungen der Fahrbahnplatten $\frac{\Sigma |\delta_n|}{3}$

Art der Bodenverfestigung	Nummer des Feldes	Frühjahr 1954 – Herbst 1957				Frühjahr 1954 – Herbst 1958			
		δ_1	δ_2	δ_3	$\frac{\Sigma |\delta_n|}{3}$	δ_1	δ_2	δ_3	$\frac{\Sigma |\delta_n|}{3}$
Ohne Bodenverfestigung	635	-3,75	-4,00	-3,875	3,875	-4,50	-4,25	-4,375	4,375
	637	+0,50	+2,50	+1,500	1,500	-0,75	+1,00	+0,125	0,625
	639	+2,25	+1,25	+1,750	1,750	+2,25	+0,75	+1,500	1,500
	641	0,00	-0,50	-0,250	0,250	-0,75	-0,75	-0,750	0,750
	643	+4,00	+3,25	+3,625	+,625	+2,25	+1,00	+1,625	1,625
	645	+2,25	+2,75	+2,500	2,500	-0,50	-0,50	-0,500	0,500
	647	+1,00	-1,25	-0,125	0,792	0,00	-1,75	-0,875	0,875
	649	+1,50	+0,75	+1,125	1,125	+0,25	-0,25	0,000	0,167
	651	-1,25	-0,75	-1,000	1,000	-1,25	-1,25	-1,250	1,250
Bodenverf. mit Portl.-Zement	653	-1,00	0,00	-0,500	0,500	-0,25	+1,00	+0,375	0,542
	655	-0,25	-0,25	-0,250	0,250	+1,50	+0,50	+1,000	1,000
	657	-1,00	-0,50	-0,750	0,750	+3,75	+3,50	+3,625	3,625
	659	-0,50	-1,00	-0,750	0,750	-0,25	-0,75	-0,500	0,500
	661	0,00	-0,75	-0,375	0,375	-1,00	-2,25	-1,625	1,625
	663	-0,25	-0,50	-0,375	0,375	+0,25	0,00	+0,125	0,125
	665	+2,75	+2,50	+2,625	2,625	+2,50	+2,00	+2,250	2,250
	667	+1,25	-0,75	+0,250	0,750	+2,00	-0,50	+0,750	1,080
	669	-0,50	-1,50	-1,000	1,000	+0,75	-0,25	+0,250	0,417
Bodenverf. mit Traß-Zement	671	-0,25	+0,50	+0,125	0,292	0,00	+1,50	+2,500	1,333
	673	-2,00	-0,75	-1,375	1,375	-1,25	-0,75	-1,000	1,000
	675	-2,25	-1,75	-2,000	2,000	-0,50	+0,25	-0,125	0,292
	677	-0,25	-2,50	-1,375	1,375	-2,75	-3,00	-2,875	2,875
	679	-1,50	-2,00	-1,750	1,750	-0,25	-0,25	-0,250	0,250
	681	-3,50	-2,50	-3,000	3,000	-1,75	-1,50	-1,625	1,625
	683	-3,00	-2,75	-2,875	2,875	-1,50	-2,25	-1,875	1,875
	685	-1,75	-2,25	-2,000	2,000	-2,00	-1,75	-1,875	1,875
	687	-8,25	-8,75	-8,500	8,500	-6,25	-6,75	-6,500	6,500
Bodenverf. mit Bitumen	689	-1,25	-1,50	-1,375	1,375	-1,25	-1,75	-1,500	1,500
	691	-1,00	-1,75	-1,375	1,375	-1,50	-0,75	-1,125	1,125
	693	-2,50	-1,25	-1,875	1,875	-1,50	-5,75	-3,625	3,625
	695	+1,75	+0,75	+1,250	1,250	+1,25	+0,25	+0,750	0,750
	697	-0,25	-0,50	-0,375	0,375	+0,50	-0,75	-0,125	0,450
	699	-1,25	-1,50	-1,375	1,375	-0,25	-0,25	-0,250	0,250
	701	-0,50	-1,25	-0,875	0,875	-0,25	-1,25	-0,750	0,750
	703	+0,25	+1,50	+0,875	0,875	-0,50	+0,50	0,000	0,333
	705	-3,25	-4,25	-3,750	3,750	-2,50	-5,50	-4,000	4,000
Mechanische Bodenverf.	707	-3,50	-4,75	-4,125	4,125	-5,75	-6,50	-6,125	6,125
	709	-1,00	-0,50	-0,750	0,750	-1,25	-1,00	-1,125	1,125
	711	-2,50	-2,50	-2,500	2,500	+2,25	+1,75	+2,000	2,000
	713	-1,00	-2,25	-1,625	1,625	-0,25	-2,00	-1,125	1,125
	715	+3,75	+2,75	+3,250	3,250	+3,00	+1,00	+2,000	2,000
	717	+0,25	-0,75	-0,250	0,417	+0,50	0,00	+0,250	0,250
	719	+1,25	+2,00	+1,625	1,625	-2,00	-0,50	-1,250	1,250
	721	-0,25	0,00	-0,125	0,125	-0,25	+0,25	0,000	0,167
	723	-0,50	-1,75	-1,125	1,125	+0,50	-1,25	-0,375	0,708

Anlage 6, Abbildung 1

Verformungen der Fahrbahnplatten in Abhängigkeit von der Zeit

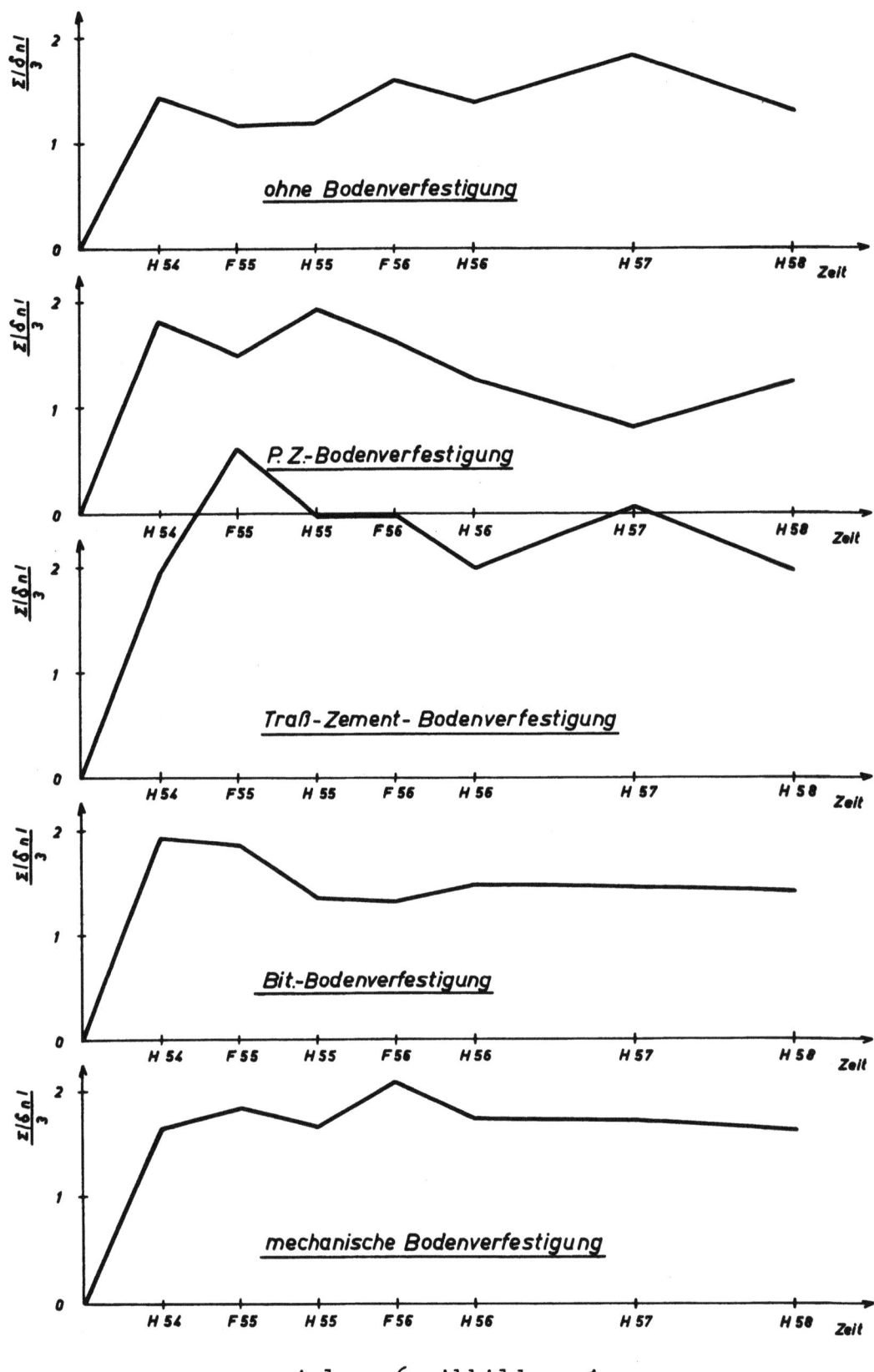

Anlage 6, Abbildung 1

Mittlere Verformungen der Fahrbahnplatten $\frac{\Sigma |\delta_n|}{3}$ in Abhängigkeit von der Zeit

Anlage 7, Tabelle 1

Plattenverformungen ohne Berücksichtigung der Untergrundverhältnisse

Anlage 7, Tabelle 1

Plattenverformungen ohne Berücksichtigung der Untergrundsverhältnisse

Art der Bodenverf.	Feldnummer	$\frac{\Sigma\|\delta_n\|}{3}$							$\Sigma \frac{\Sigma\|\delta_n\|}{3}$	Mittlere Plattenverformung je Platte	je Verfestig.-abschn.	in %
		Herbst 1954	Frühj. 1955	Herbst 1955	Frühj. 1956	Herbst 1956	Herbst 1957	Herbst 1958				
		1							2	3	4	5
Ohne Bodenverfestigung	635	3,50	4,00	3,13	4,75	4,75	3,88	4,38	28,89	4,13		
	637	0,83	0,46	1,00	0,46	0,58	1,50	0,63	6,46	0,92		
	639	0,54	0,29	0,42	1,00	0,79	1,75	1,50	6,29	0,90		
	641	1,50	0,75	0,75	1,38	0,75	0,25	0,75	6,13	0,88		
	643	1,75	0,75	0,42	0,75	0,88	3,63	1,63	9,81	1,40	1,41	100
	645	0,88	0,73	0,75	1,25	0,75	2,50	0,50	7,36	1,05		
	647	1,00	1,04	1,63	2,63	1,75	0,79	0,88	9,72	1,39		
	649	1,50	0,63	1,38	0,42	1,13	1,13	0,17	6,36	0,91		
	651	1,50	1,38	0,75	1,25	1,13	1,00	1,25	8,26	1,18		
Bodenverf. mit Portl.-Zement	653	1,00	1,63	2,00	1,25	1,00	0,50	0,54	7,92	1,13		
	655	1,13	0,17	0,13	0,50	1,25	0,25	1,00	4,43	0,63		
	657	5,38	3,88	4,50	3,88	3,75	0,75	3,65	25,77	3,68		
	659	2,00	0,50	3,00	1,50	1,25	0,75	0,50	9,50	1,36		
	661	1,13	0,42	1,13	1,00	0,79	0,38	1,63	6,48	0,93	1,45	103
	663	1,38	2,00	0,54	0,13	0,25	0,38	0,13	4,81	0,69		
	665	0,88	0,75	2,13	3,38	1,50	2,65	2,25	13,52	1,93		
	667	1,38	1,25	2,00	0,96	0,83	0,25	1,08	7,75	1,11		
	669	2,04	2,88	1,88	2,00	0,75	1,00	0,40	10,97	1,57		
Bodenverf. mit Trad-Zement	671	2,00	1,00	0,29	0,29	1,00	0,29	1,33	6,20	0,89		
	673	1,13	3,63	1,67	2,25	1,50	1,38	1,00	12,56	1,79		
	675	1,13	2,50	1,13	2,75	0,54	2,00	0,29	10,34	1,48		
	677	3,13	3,38	1,50	1,13	1,04	1,38	2,88	14,44	2,06		
	679	0,88	1,88	5,12	0,88	0,13	1,75	0,25	10,90	1,56	2,32	165
	681	1,38	4,13	0,88	2,50	2,25	3,00	1,63	15,77	2,25		
	683	0,71	3,00	1,88	3,50	1,88	2,80	1,88	15,65	2,24		
	685	4,88	2,38	3,13	2,00	0,88	2,00	1,88	9,15	1,31		
	687	6,38	6,13	6,88	7,15	8,75	8,50	6,50	50,27	7,18		
Bodenverf. mit Bitumen	689	3,38	1,00	2,13	1,00	0,59	1,38	1,50	10,97	1,57		
	691	2,13	1,88	1,25	1,00	0,71	1,38	1,13	9,48	1,35		
	693	2,00	2,63	1,63	2,38	1,38	1,88	3,63	16,53	2,36		
	695	0,63	1,13	0,33	1,50	3,00	1,25	0,75	8,59	1,23		
	697	1,00	0,75	1,00	0,17	1,25	0,38	0,46	5,01	0,72	1,55	110
	699	1,88	2,13	1,88	0,50	0,75	1,38	0,25	8,77	1,25		
	701	1,50	0,25	0,75	0,63	1,00	0,88	0,75	5,76	0,82		
	703	0,79	0,67	0,46	1,50	0,63	0,88	0,33	5,26	0,75		
	705	3,00	6,38	2,88	3,25	4,13	3,75	4,00	27,39	3,91		
Mechanische Bodenverf.	707	3,00	4,25	3,25	4,75	4,88	4,13	6,13	30,39	4,34		
	709	1,88	0,63	0,75	0,38	0,38	0,75	1,13	5,90	0,84		
	711	1,75	2,00	2,25	2,50	2,00	2,50	2,00	15,00	2,14		
	713	1,75	3,13	1,38	2,38	1,13	1,63	1,13	12,53	1,79		
	715	2,13	1,63	2,88	4,38	4,25	3,25	2,00	20,52	2,93	1,76	125
	717	1,38	0,75	1,75	0,29	0,63	0,42	0,25	5,47	0,78		
	719	0,58	1,13	1,75	2,38	0,75	1,63	1,25	9,47	1,35		
	721	1,38	1,50	0,29	0,42	0,88	0,13	0,17	4,77	0,68		
	723	0,92	1,63	0,63	1,38	0,75	1,12	0,71	7,15	1,02		

Anlage 8, Tabellen 1 bis 5

Verschiebungen der Teller bezogen auf die Fahrbahnplatte

Anlage 8, Tabelle 1

Verschiebungen der Teller bezogen auf die Fahrbahnplatte

Art der Bodenverf.	Feldnummer	Bez. des Tellers	Frühj. 1954 - Herbst 1954	Frühj. 1954 - Frühj. 1955	Frühj. 1954 - Herbst 1955	Frühj. 1954 - Frühj. 1956	Frühj. 1954 - Herbst 1956	Frühj. 1954 - Herbst 1957	Frühj. 1954 - Herbst 1958
Ohne Bodenverfestigung	635	a	+0,5	+0,9	+1,7	+2,1	+2,4	+2,7	+3,0
		b	+0,8	+1,2	+2,0	+2,3	+1,7	+2,5	+2,9
		c	+0,9	+1,3	+1,9	+1,7	+1,6	+2,1	+2,6
		d	+1,2	+1,8	+2,7	+2,0	+1,7	+2,3	+2,8
		e	+1,1	+1,6	+1,8	+1,6	+1,6	+2,0	+2,7
	637	a	+0,6	+0,7	+1,5	+1,0	+0,8	+1,4	+1,3
		b	+0,7	+0,9	+1,8	+1,3	+1,2	+1,6	+1,8
		c	+0,9	+1,2	+2,0	+1,4	+1,1	+1,5	+2,1
		d	+1,2	+1,4	+2,4	+1,4	+1,1	+1,9	+2,4
		e	+1,4	+1,6	+2,5	+1,6	+1,3	+2,0	+2,3
	639	a	0,0	-1,1	-1,1	-1,2	-1,7	-1,5	-1,1
		b	+0,5	+0,1	+1,1	-0,2	-0,6	-0,5	+0,4
		c	+0,6	+0,4	+1,4	-0,2	-0,7	-0,6	+0,3
		d	+1,5	+1,4	+3,1	+0,5	0,0	+0,6	+1,7
		e	+0,6	+0,4	+1,4	-0,1	-0,5	-1,2	+0,5
	641	a	-0,4	-0,4	+0,3	-0,1	-0,1	+0,3	+1,1
		b	+0,3	+0,4	+1,4	+2,3	+2,2	+1,8	+3,2
		c	+0,3	+0,5	+1,6	+1,3	+1,0	+1,0	+1,8
		d	+1,2	+1,9	+3,1	+1,9	+2,1	+3,0	+3,5
		e	+1,0	+0,5	+2,7	+1,6	+1,8	+2,0	+2,9
	643	a	+0,4	+0,3	+1,1	+0,3	+0,2	+0,7	+1,3
		b	+0,5	+0,5	+1,4	+0,7	+0,3	+1,3	+1,8
		c	+0,7	+0,7	+1,5	+0,5	0,0	+0,1	+0,7
		d	+1,3	+1,0	+1,8	+0,9	+0,8	+0,7	+2,1
		e	+0,8	+0,9	+1,6	+0,7	+0,1	+0,5	+2,0
	645	a	+0,7	+0,2	+0,6	-0,1	-0,1	+0,5	+1,0
		b	+1,1	+1,0	+1,8	+0,8	+0,7	+1,7	+1,9
		c	+0,7	+0,8	+1,6	+0,5	+0,4	+1,8	+1,9
		d	+1,0	+0,9	+2,0	+0,5	+0,5	+1,8	+2,1
		e	+0,7	+0,8	+1,7	+0,1	+0,2	+1,7	+1,7
	647	a	-0,2	-0,2	+0,4	-0,1	-0,1	+0,7	+1,5
		b	+0,6	+0,7	+2,0	+0,8	+1,1	+1,4	+2,3
		c	+1,1	+0,9	+2,0	+0,7	+0,7	+1,4	+2,0
		d	+0,5	+0,6	+1,8	+0,2	+0,5	+1,2	+1,8
		e	-0,1	+0,2	+1,1	+0,2	+0,2	+1,2	+1,4
	649	a	-0,7	-0,8	-0,2	-0,6	-0,2	-1,6	0,0
		b	+0,5	+0,3	+1,0	+0,2	+0,1	-0,8	+1,0
		c	+0,1	-0,3	+0,7	0,0	-0,3	-1,2	+0,7
		d	+0,9	+0,9	+2,1	+1,0	+0,9	+0,2	+2,0
		e	+0,2	+0,2	+1,5	-0,6	+0,6	-0,7	+1,6
	651	a	+0,1	+0,1	+0,7	+0,3	+0,2	-0,4	+1,0
		b	+0,6	+0,6	+1,2	+1,0	+0,8	+0,3	+1,7
		c	+0,7	+0,7	+1,4	+1,0	+0,9	+0,4	+1,7
		d	+0,5	+0,8	+1,7	+1,4	+1,3	+0,8	+2,3
		e	+0,9	+0,6	+1,5	+1,1	+1,0	+0,8	+2,2

Anlage 8, Tabelle 2

Verschiebungen der Teller bezogen auf die Fahrbahnplatte

Art der Bodenverf.	Feldnummer	Bez. des Tellers	Frühj. 1954 - Herbst 1954	Frühj. 1954 - Frühj. 1955	Frühj. 1954 - Herbst 1955	Frühj. 1954 - Frühj. 1956	Frühj. 1954 - Herbst 1956	Frühj. 1954 - Herbst 1957	Frühj. 1954 - Herbst 1958
Bodenverfestigung mit Portland-Zement	653	a	+0,4	+0,3	+6,9	+0,5	+0,5	0,0	+1,1
		b	+1,2	+1,0	+2,0	+0,9	+2,0	+1,5	+2,2
		c	+1,5	+1,1	+1,9	+0,7	+0,8	+0,3	+1,1
		d	+2,0	+1,8	+2,9	+2,0	+2,7	+2,2	+3,5
		e	+1,9	+1,7	+2,8	+1,8	+2,1	+1,8	+3,1
	655	a	-0,5	-0,5	-0,8	-1,2	-1,5	-1,2	-0,8
		b	0,0	-0,3	+0,2	+0,1	+0,3	-0,2	+0,3
		c	-0,2	-0,5	0,0	-0,5	-0,8	-0,7	-0,3
		d	0,0	-0,2	+0,6	+0,2	-0,2	-0,1	+0,7
		e	-1,6	-1,9	-1,0	-1,4	-1,6	-1,6	-0,9
	657	a	-0,3	-0,8	-0,3	-0,7	-0,9	+0,9	+0,1
		b	+0,5	+0,2	+0,9	+0,1	-0,4	-0,2	+0,3
		c	+0,6	+0,6	+1,2	0,0	-0,1	-0,1	+0,6
		d	+1,0	+1,1	+1,9	+0,6	+0,6	+0,5	+2,0
		e	+0,9	+0,8	+1,9	+0,8	+0,6	+0,6	+2,7
	659	a	-1,4	-0,7	+0,7	-0,5	-0,7	-2,3	-0,6
		b	+0,2	0,0	+1,7	-0,4	-0,7	-1,1	-0,1
		c	+0,5	-0,3	+0,6	-0,8	-0,9	-3,0	-0,2
		d	+1,1	+1,0	+1,9	+1,0	+0,9	-1,0	+2,0
		e	+0,8	+0,6	+2,5	+0,6	+0,7	-1,6	+1,9
	661	a	-0,4	-0,8	+0,2	-0,9	-1,0	-2,4	-0,7
		b	+0,6	-0,1	+0,1	-0,1	+0,2	-1,7	+0,4
		c	+0,6	+0,2	+0,7	-0,2	-0,2	-1,6	+0,4
		d	+1,1	+1,4	+1,4	+0,5	+0,6	-0,7	+1,5
		e	+0,7	+0,4	+1,1	+0,3	+0,2	-1,0	+1,2
	663	a	-1,2	-1,6	-1,0	-1,9	-1,5	-2,9	-0,5
		b	-0,4	-0,8	0,0	-1,5	-1,4	-2,6	-0,3
		c	+0,3	-0,1	+0,8	-1,2	-0,6	-2,0	+0,6
		d	+0,8	+0,7	+1,6	+0,4	+0,4	-0,4	+2,3
		e	+0,6	+0,7	+1,5	+0,2	+0,8	-0,5	+2,1
	665	a	-0,5	-0,6	+0,2	-0,5	-0,9	-0,9	+0,2
		b	-0,1	-0,1	+0,3	-0,7	-1,1	-1,1	+0,5
		c	+0,3	+0,2	+0,6	-0,6	-0,9	-1,1	+1,1
		d	+0,6	-0,2	+0,2	-0,4	-0,3	+1,3	+1,1
		e	+0,8	+0,8	+1,5	-0,1	-0,6	-1,0	+1,3
	667	a	-0,8	-1,1	-0,7	-0,9	-0,8	-1,0	+1,8
		b	+0,7	+0,8	+1,0	+0,7	+1,1	-1,6	+2,0
		c	+0,1	+0,3	+0,9	+0,3	+0,1	-0,9	+1,9
		d	+0,2	+0,9	+1,6	+0,9	+0,8	-0,7	+1,9
		e	+0,3	+0,8	+1,6	+0,7	+0,5	-0,7	+2,1
	669	a	-1,9	-1,2	-1,1	-4,2	-3,6	-5,3	-3,9
		b	+0,3	+0,4	+1,2	-0,2	+0,2	-1,0	+0,7
		c	+0,3	+1,2	+1,8	+0,1	+6,4	-0,7	+1,2
		d	+0,4	+0,8	+1,7	+0,5	+0,8	+0,1	+2,6
		e	+0,2	+0,9	+1,7	+0,6	+0,8	-0,2	+2,4

Anlage 8, Tabelle 3

Verschiebungen der Teller bezogen auf die Fahrbahnplatte

Art der Boden-verf.	Feld-num-mer	Bez. des Tellers	Frühj. 1954 - Herbst 1954	Frühj. 1954 - Frühj. 1955	Frühj. 1954 - Herbst 1955	Frühj. 1954 - Frühj. 1956	Frühj. 1954 - Herbst 1956	Frühj. 1954 - Herbst 1957	Frühj. 1954 - Herbst 1958
Bodenverfestigung mit Traß-Zement	671	a	-0,1	-0,4	-0,4	-0,8	-0,6	-1,1	+1,3
		b	+0,6	+0,5	+1,2	-0,6	-0,3	-1,3	+0,4
		c	+0,9	+0,8	+1,4	-0,1	+0,4	-1,1	+1,2
		d	+1,0	+0,2	+1,5	-0,6	-0,3	-1,0	+1,7
		e	+1,1	+1,0	+1,9	+0,7	+1,1	-1,0	+1,0
	673	a	-1,1	-0,9	-1,4	-1,9	-0,7	-2,6	-0,9
		b	-0,2	-0,1	+0,4	-1,2	-0,3	-1,8	-0,1
		c	-0,1	+0,1	+0,5	-0,6	-0,2	-1,5	+0,4
		d	0,0	+0,3	+0,2	-0,4	+0,3	-1,1	+1,0
		e	+0,3	+3,0	+1,1	-0,4	+0,2	-1,1	+1,0
	675	a	-0,8	-0,9	+0,1	-1,0	+2,0	-2,0	-0,4
		b	-0,2	-0,1	+0,7	0,0	+0,2	-1,0	+1,4
		c	+0,2	+0,6	+1,2	+0,1	+1,0	0,0	+1,9
		d	+0,7	+1,0	+1,8	+1,0	+0,9	+0,1	+2,2
		e	+0,5	+1,0	+1,8	+0,9	+0,8	0,0	+2,2
	677	a	+0,6	+1,8	+1,5	+1,2	+1,1	+0,1	+1,3
		b	+0,4	+0,7	+1,2	+0,4	+0,5	-0,7	+0,8
		c	+0,7	+0,6	+1,2	-0,1	0,0	-1,1	+0,9
		d	+0,7	+0,6	+1,4	+0,5	+0,4	-0,4	+1,5
		e	+0,5	+0,4	+1,4	+0,1	+1,0	+0,1	+2,1
	679	a	+0,3	+0,6	-3,5	+0,7	+0,1	0,0	+1,9
		b	+0,1	+0,2	+0,9	-0,6	-0,1	+2,0	+0,7
		c	+0,4	+0,6	+1,5	+0,1	0,0	-1,4	+0,9
		d	+0,6	+0,8	+1,7	+0,2	0,0	-1,8	+0,8
		e	+0,3	+0,3	+1,2	-0,4	-0,1	-1,1	+1,2
	681	a	+0,6	-0,3	+0,6	-1,0	-1,0	-1,9	-1,1
		b	+0,5	-0,1	+0,7	-0,7	-0,6	-1,9	-0,6
		c	+0,6	+0,7	0,0	-1,7	-0,5	-1,8	-0,2
		d	+1,4	+1,3	+1,6	+0,7	+0,8	-0,2	+1,6
		e	+0,4	+0,7	+1,5	+0,7	+0,8	-0,2	+1,5
	683	a	+0,1	-1,2	-0,6	-1,2	-1,2	-2,2	-1,1
		b	0,0	-0,2	+0,6	-0,6	-0,5	-1,6	+0,4
		c	+0,3	+0,1	+1,0	-0,4	+0,1	-0,9	+4,1
		d	+1,1	+1,3	+2,3	+1,1	+1,5	+0,8	+2,9
		e	+1,0	+1,0	+2,1	+1,1	+0,4	+0,5	+3,0
	685	a	+0,3	+1,0	+1,1	-0,3	-0,4	-1,8	-0,1
		b	+0,3	-0,2	+0,4	-0,7	-0,5	-2,8	+0,2
		c	+0,4	-0,6	+0,5	-1,6	-0,9	-2,5	-0,2
		d	+0,6	-0,3	+0,9	-1,2	-0,3	-1,6	+0,9
		e	+0,6	0,0	+1,1	+0,5	+0,2	-1,1	+1,5
	687	a	-0,4	-0,9	+0,1	-1,2	-0,8	-2,3	-0,6
		b	+0,1	0,0	+0,8	-0,5	-0,2	-1,6	+0,4
		c	+0,2	0,0	+1,2	-0,8	-0,4	-1,7	+0,6
		d	+0,6	+0,3	+1,8	-0,3	+0,1	-1,0	+1,5
		e	+0,5	0,0	+1,5	-0,5	-0,1	-1,2	+1,2

Anlage 8, Tabelle 4

Verschiebungen der Teller bezogen auf die Fahrbahnplatte

Art der Bodenverf.	Feldnummer	Bez. des Tellers	Frühj. 1954 - Herbst 1954	Frühj. 1954 - Frühj. 1955	Frühj. 1954 - Herbst 1955	Frühj. 1954 - Frühj. 1956	Frühj. 1954 - Herbst 1956	Frühj. 1954 - Herbst 1957	Frühj. 1954 - Herbst 1958
Bodenverfestigung mit Bitumen	689	a	-0,6	-0,8	+0,4	-0,9	-0,8	-2,1	-0,5
		b	+0,4	+0,5	+1,6	0,0	+0,2	-0,9	+1,0
		c	+0,9	+0,8	+2,1	+0,3	+0,8	-0,6	+1,2
		d	+1,3	+1,8	+3,2	+1,7	+2,4	+1,6	+4,1
		e	+1,2	+1,6	+3,2	+1,6	+2,3	+1,5	+4,0
	691	a	+0,2	-0,2	+0,8	-0,4	+0,8	-1,1	+0,4
		b	+1,0	+0,5	+1,2	+0,4	+0,5	-0,9	+1,1
		c	+1,3	+0,6	+1,7	+0,2	+1,5	-0,4	+1,7
		d	+1,5	+1,7	+2,2	+0,7	+1,2	0,0	+2,9
		e	+1,8	+1,5	+3,2	+1,7	+2,2	+1,2	+4,1
	693	a	+1,4	+1,1	+1,9	+1,5	+1,3	+0,1	+2,1
		b	+1,4	+1,5	+2,4	+1,2	+2,1	+0,4	+2,3
		c	+2,0	+2,2	+3,4	+1,9	+2,2	+0,3	+2,3
		d	+2,5	+2,5	+3,8	+2,9	+3,2	+2,2	+4,7
		e	+3,0	+3,1	+4,6	+3,5	+3,9	+2,6	+5,5
	695	a	-1,5	-1,4	+0,3	-0,1	-0,1	-1,1	+0,6
		b	+1,8	+2,2	+3,2	+2,8	+3,0	+1,9	+3,9
		c	+2,2	+3,0	+3,8	+3,5	+4,6	+2,9	+5,3
		d	+2,3	+3,0	+4,4	+3,5	+3,4	+3,0	+5,4
		e	+2,9	+3,4	+4,6	+4,2	+4,8	+3,9	+4,7
	697	a	0,0	+0,8	-4,2	-4,0	-3,4	-4,9	-3,4
		b	+0,3	+0,9	-4,0	-4,4	-3,4	-4,6	-3,1
		c	+0,9	+1,7	-2,5	-2,6	-2,3	-3,6	-1,4
		d	+1,1	+1,5	-2,5	-6,4	-2,2	-3,3	+0,2
		e	+1,2	+4,9	-2,4	-1,5	-1,0	-2,0	-0,4
	699	a	+2,2	+2,2	-3,0	-1,4	-1,3	-2,6	-0,5
		b	+2,3	+2,6	-2,2	-1,7	-2,0	-3,4	-1,1
		c	+2,2	+2,4	-1,8	-2,1	-1,5	-3,2	-1,0
		d	+2,5	+2,2	-1,3	-2,2	-1,3	-2,8	-0,1
		e	+2,3	+2,7	-1,8	-1,8	-1,1	+0,4	+0,1
	701	a	+1,8	+2,3	-1,8	-1,7	-0,9	-3,0	-0,9
		b	+1,9	+2,8	-0,2	-1,8	-1,2	-2,5	-0,9
		c	+2,6	+3,6	-0,5	-0,4	-0,3	-1,3	+0,7
		d	+3,1	+4,1	+0,8	+0,5	+0,6	-0,7	+2,1
		e	+2,9	+4,0	+0,2	+0,1	+0,3	-0,6	+1,9
	703	a	+3,9	+2,5	+3,3	+3,2	+1,5	+1,6	+3,7
		b	+2,0	+2,0	+3,2	+2,3	+2,7	+1,6	+4,0
		c	+1,9	+2,3	+3,1	+1,1	+2,6	+1,6	+4,1
		d	+2,5	+2,9	+4,0	+3,3	+3,3	+3,0	+5,5
		e	+2,3	+2,9	+5,2	+3,9	+4,1	+3,5	+6,0
	705	a	+2,3	+2,5	-1,7	+1,0	+0,5	+0,1	-0,8
		b	+1,7	+2,3	-1,5	-3,1	-2,3	-3,1	-0,6
		c	+2,5	+2,9	-0,7	-1,5	-0,5	-1,8	+0,2
		d	+3,1	+3,7	+0,2	-1,1	-0,3	-2,1	+1,2
		e	+2,6	+3,4	-0,1	-0,5	0,0	-1,1	+1,7

Anlage 8, Tabelle 5

Verschiebungen der Teller bezogen auf die Fahrbahnplatte

Art der Bodenverf.	Feldnummer	Bez. des Tellers	Frühj. 1954 - Herbst 1954	Frühj. 1954 - Frühj. 1955	Frühj. 1954 - Herbst 1955	Frühj. 1954 - Frühj. 1956	Frühj. 1954 - Herbst 1956	Frühj. 1954 - Herbst 1957	Frühj. 1954 - Herbst 1958
Mechanische Bodenverfestigung	707	a	+0,9	+0,2	+0,2	+0,3	+0,1	-0,8	+1,0
		b	+0,6	+0,5	+0,7	+0,4	+0,2	-1,0	+1,0
		c	+0,8	+1,3	+1,1	+0,6	+0,4	-0,8	+1,2
		d	+1,0	+1,1	+1,9	+1,1	+1,0	+0,1	+2,1
		e	+1,0	+1,1	+1,8	+1,2	+1,1	+0,1	+2,3
	709	a	+0,9	-0,1	+0,2	-2,5	-3,3	-3,2	-2,0
		b	+0,5	-0,1	+0,1	-2,1	-2,7	-3,2	-1,1
		c	+0,6	+0,5	+0,1	-1,3	-1,6	-2,5	-0,6
		d	+0,7	+0,3	+0,7	-0,9	-1,1	-1,7	0,0
		e	+1,6	+1,2	+1,9	+0,7	+0,4	-0,1	+1,9
	711	a	-2,6	-1,5	-2,6	-4,4	-3,9	-5,5	-3,7
		b	+0,5	-0,1	-1,1	-1,0	-0,4	-2,4	-0,2
		c	+0,8	-0,1	+0,5	-1,1	-1,0	-2,3	0,0
		d	+1,3	+0,6	+1,8	-0,2	+0,1	-1,0	+1,5
		e	+1,5	+0,9	+2,0	+0,3	+0,5	-0,8	+1,6
	713	a	+0,2	+0,4	-4,3	-5,4	-6,6	-6,4	-5,3
		b	+1,2	+0,9	-3,7	-4,5	-5,8	-5,8	-5,1
		c	+1,3	+0,7	-4,5	-6,0	-6,1	-6,4	-5,7
		d	+1,5	+1,3	-3,7	-5,4	-5,6	-5,6	-4,4
		e	+0,6	+0,3	-4,4	-5,7	-6,4	-6,6	-4,9
	715	a	+0,9	+0,5	+1,1	-2,0	-2,3	-3,6	-1,4
		b	+0,8	0,0	+0,8	-2,5	-2,5	-3,6	-1,6
		c	+0,9	+0,3	+1,1	-2,9	-2,6	-3,6	-1,3
		d	+1,0	+0,2	+1,2	-1,8	-1,5	-2,1	+0,2
		e	+0,7	0,0	+1,8	-1,9	-1,6	-2,6	-0,2
	717	a	+1,6	+0,5	+1,6	+2,2	+2,1	+0,6	+1,8
		b	+1,6	+1,5	+2,3	+1,4	+2,2	0,0	+2,2
		c	+1,7	+2,3	+2,5	+1,0	+1,2	-0,3	+2,1
		d	+1,5	+1,8	+2,8	+0,7	+1,1	-0,4	+2,5
		e	+1,1	+1,5	+2,5	+1,3	+0,8	-0,9	+2,2
	719	a	+1,4	+1,0	+1,7	+1,2	+0,9	-0,2	+1,7
		b	+1,1	+0,4	+1,1	+0,4	+0,1	-1,1	+0,9
		c	+1,4	+1,0	+1,8	+0,3	+0,2	-1,1	+1,2
		d	+1,0	+0,8	+1,5	+0,3	+0,3	-0,7	+1,8
		e	+1,3	+1,3	+2,1	+0,6	+0,3	-0,2	+2,3
	721	a	-1,3	-0,6	+0,2	-0,6	-1,2	-2,2	-0,1
		b	-0,3	-0,4	+0,3	-0,8	-1,6	-2,5	-0,2
		c	-0,1	-0,3	+0,6	-0,8	-1,7	-2,6	-0,2
		d	-0,3	-0,5	+0,4	-0,6	-1,7	-2,9	0,0
		e	-0,6	-0,4	+0,5	-0,7	-1,5	-3,5	+0,3
	723	a	0,0	-0,1	0,0	-1,6	-3,7	-3,3	-1,8
		b	+0,2	0,0	+0,8	-1,1	-3,2	-3,1	-1,5
		c	+0,7	+0,9	+1,6	-0,4	-2,3	-2,2	0,0
		d	+1,1	+2,3	+2,8	+1,1	-0,3	+0,1	+2,7
		e	+0,9	+1,2	+2,6	+0,8	-0,4	0,0	+2,6

Anlage 9, Abbildungen 1 bis 45

Bodenbewegungen in Abhängigkeit von der Zeit

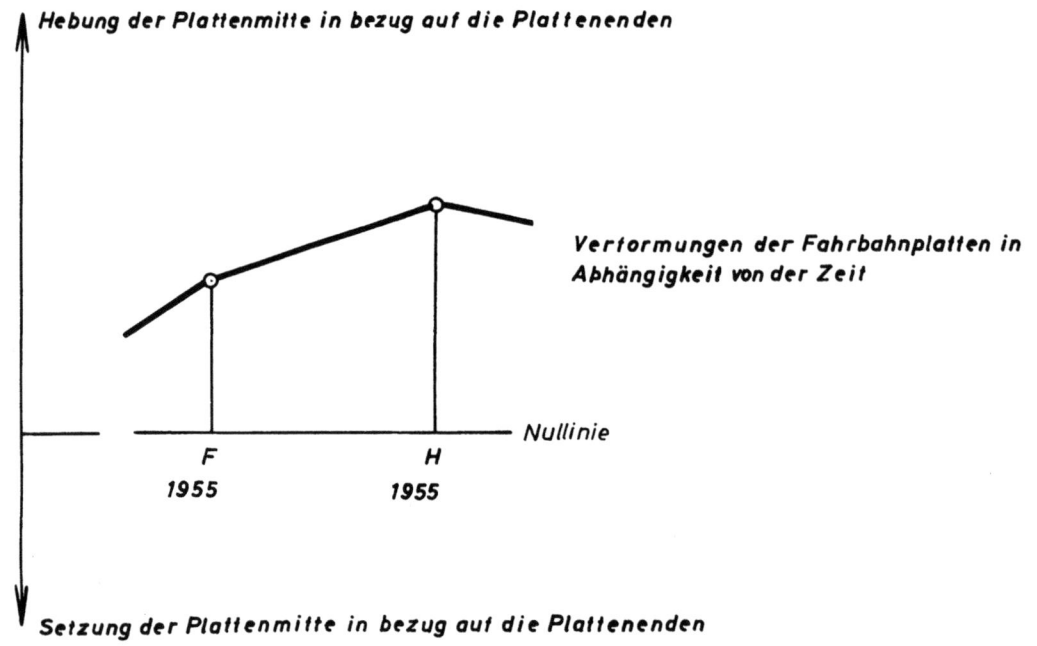

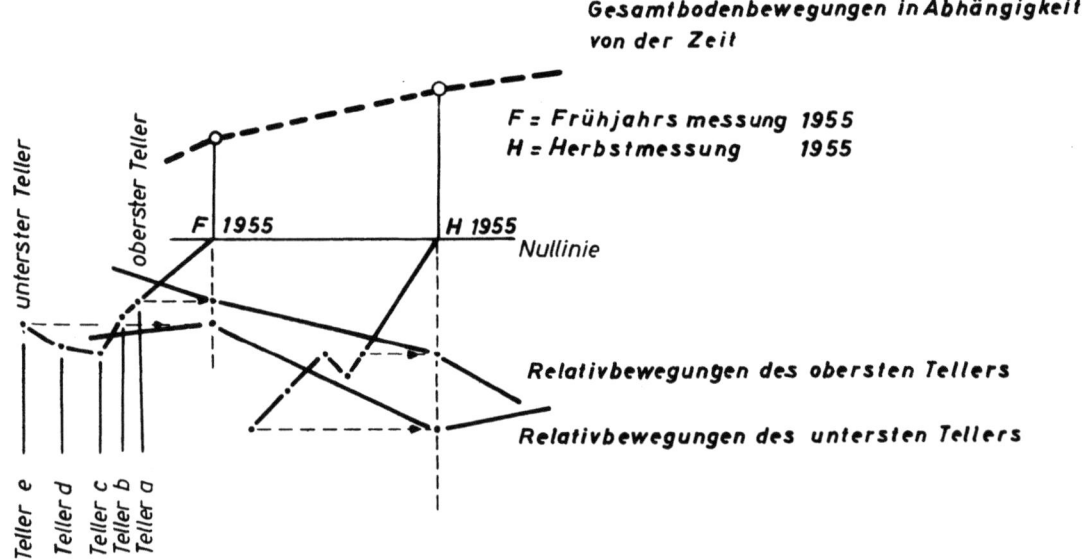

Legende zu Anlage 9

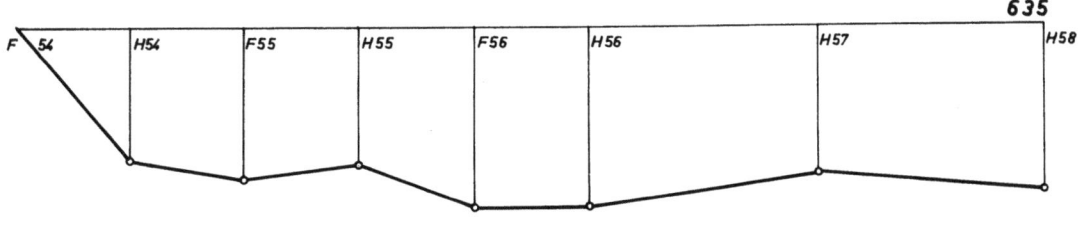
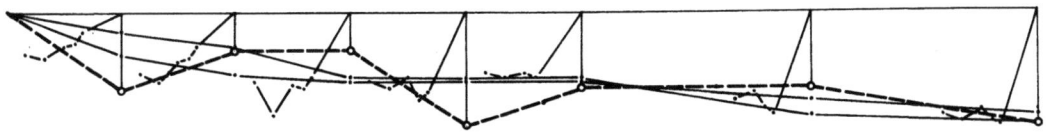

Anlage 9, Abbildung 1

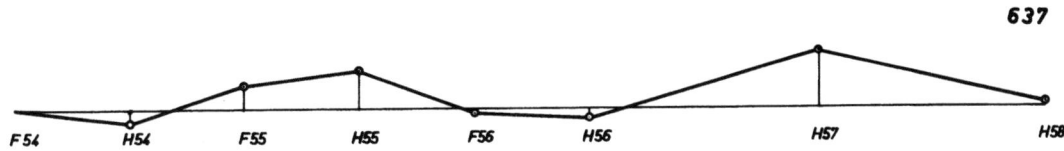
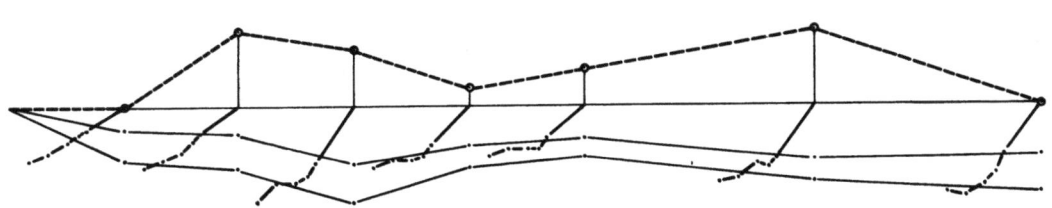

Anlage 9, Abbildung 2

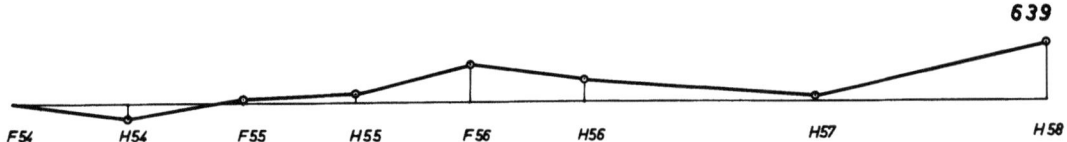
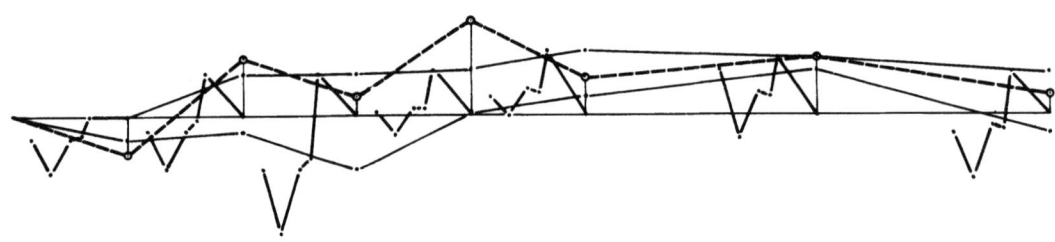

Anlage 9, Abbildung 3

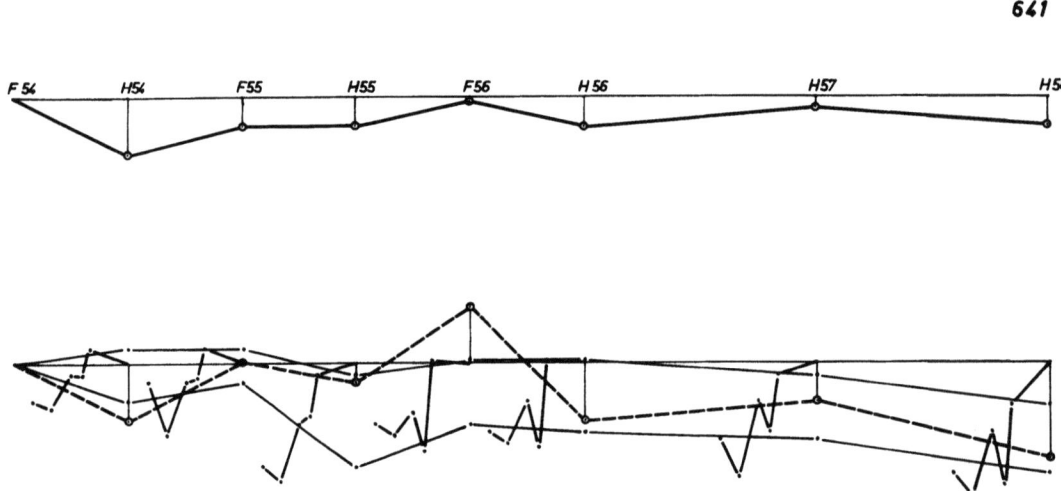

Anlage 9, Abbildung 4

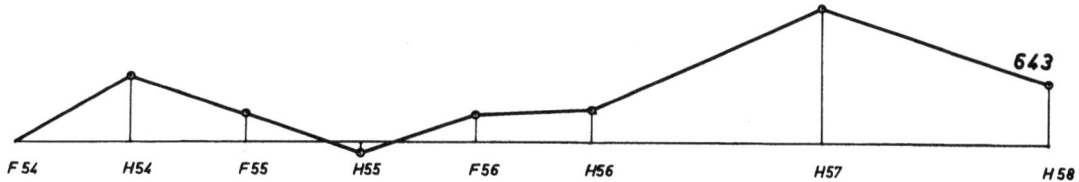

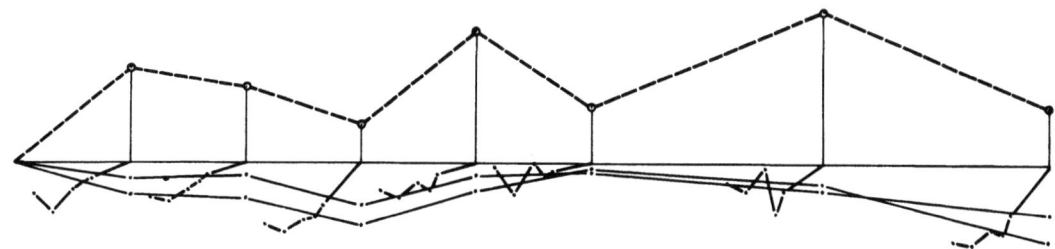

Anlage 9, Abbildung 5

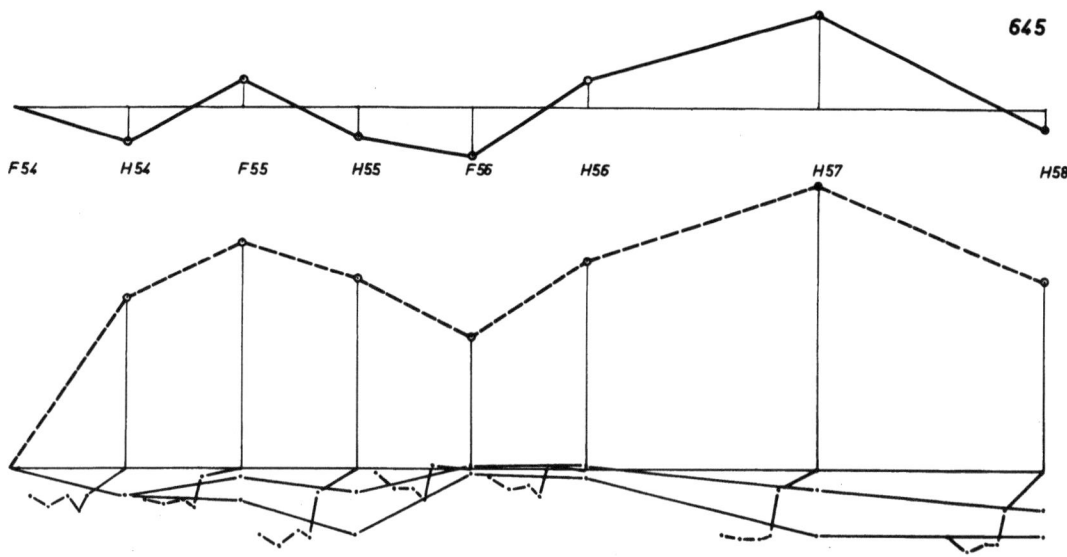

Anlage 9, Abbildung 6

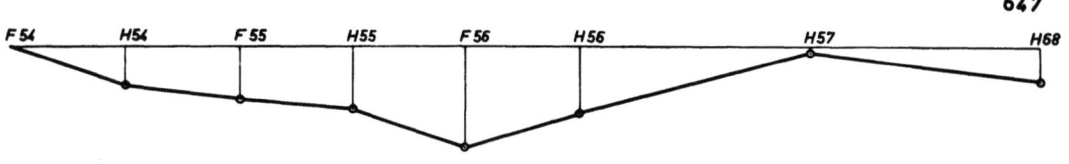
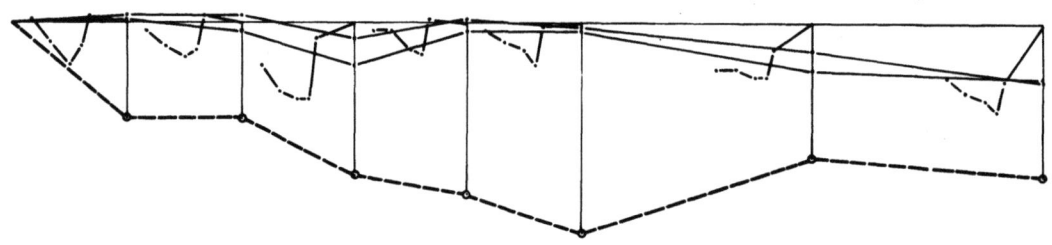

Anlage 9, Abbildung 7

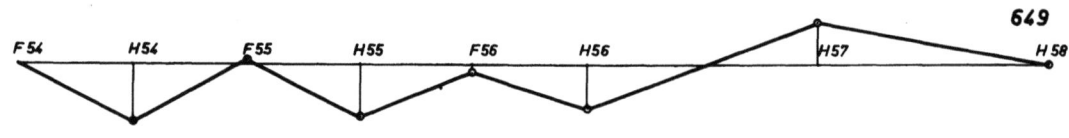
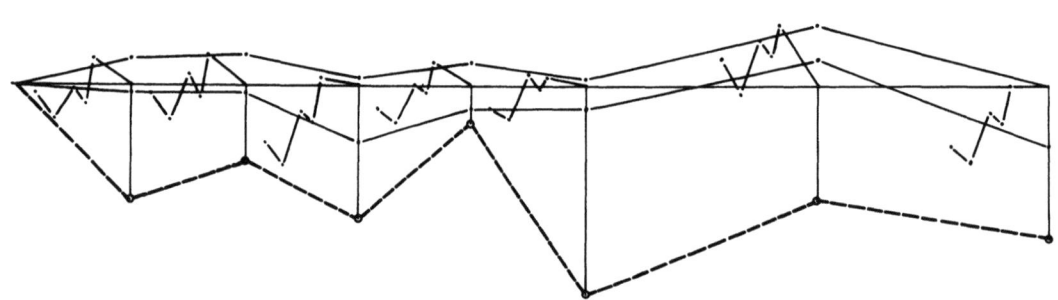

Anlage 9, Abbildung 8

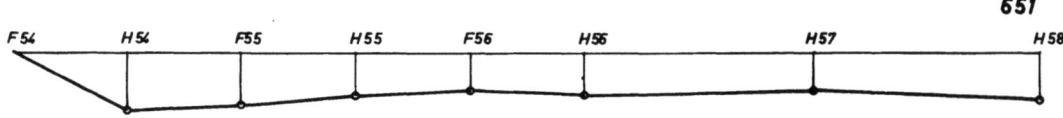

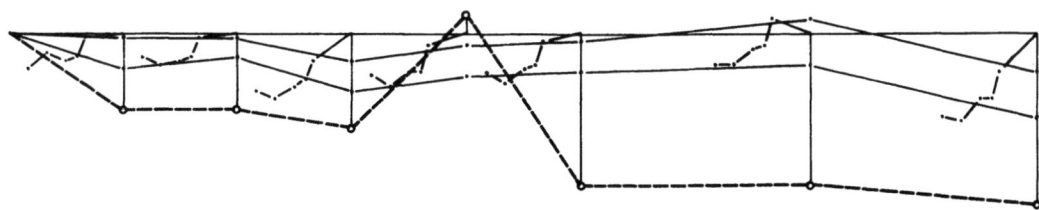

Anlage 9, Abbildung 9

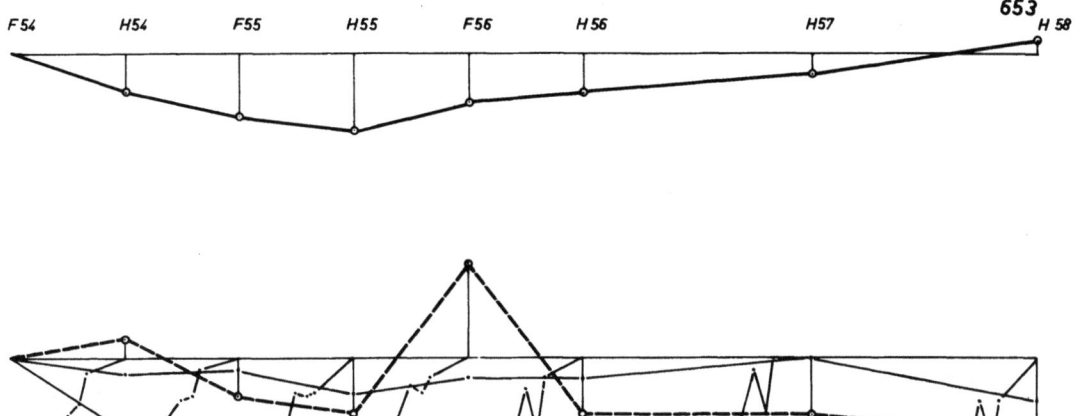

Anlage 9, Abbildung 10

Seite 99

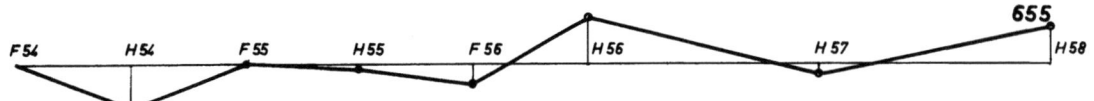
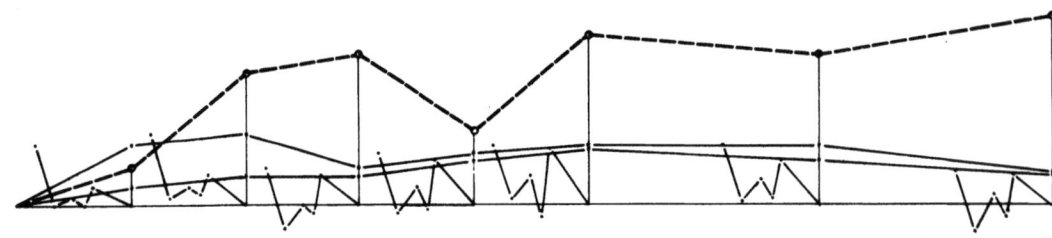

Anlage 9, Abbildung 11

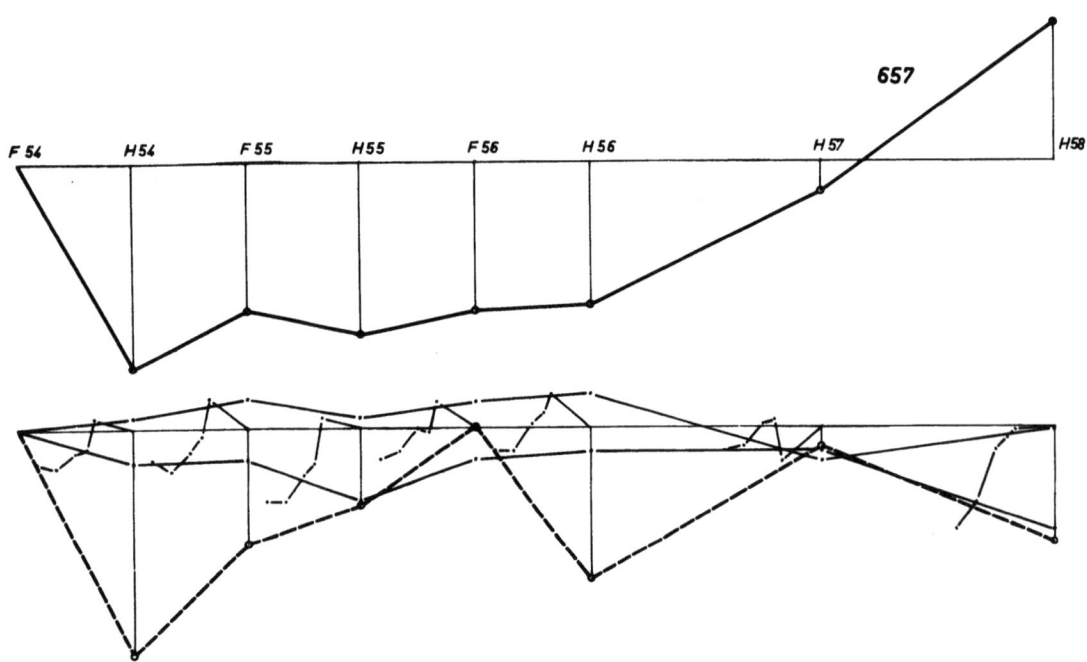

Anlage 9, Abbildung 12

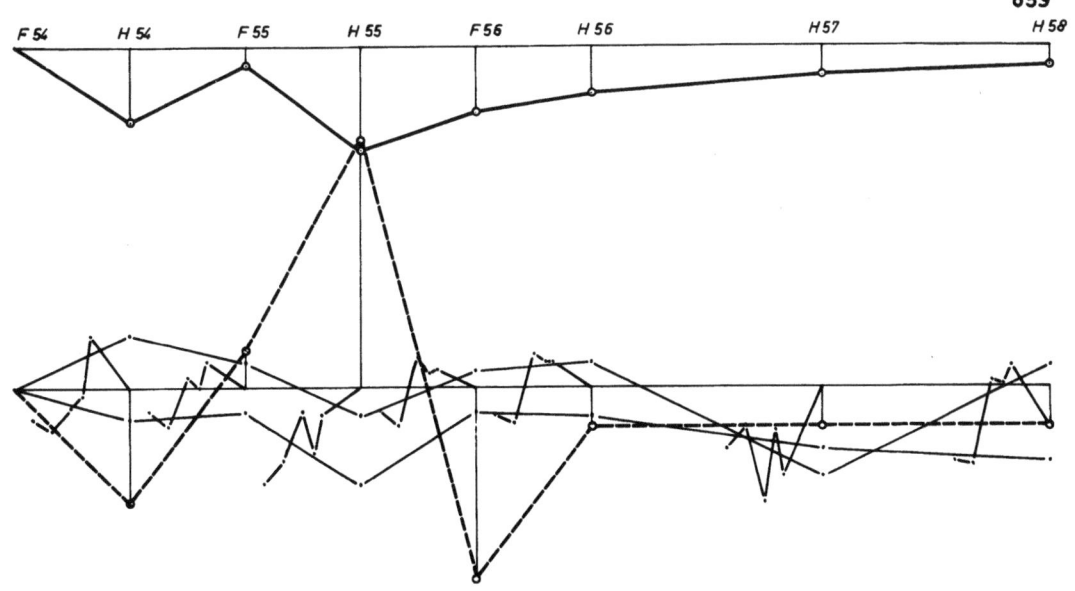

Anlage 9, Abbildung 13

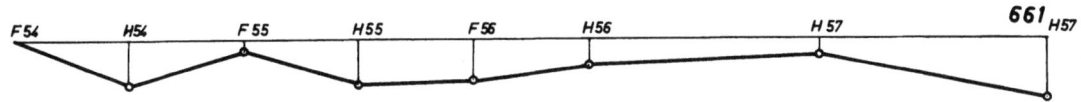

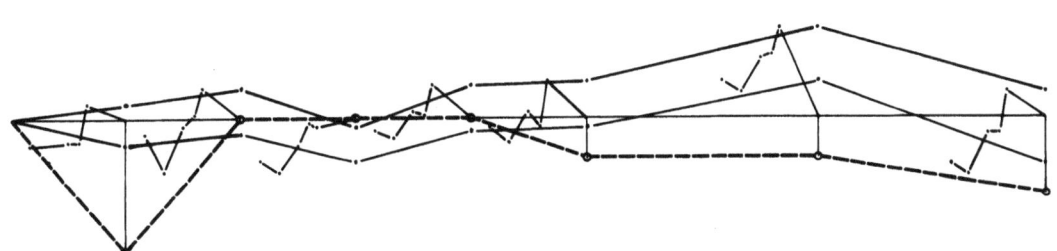

Anlage 9, Abbildung 14

663

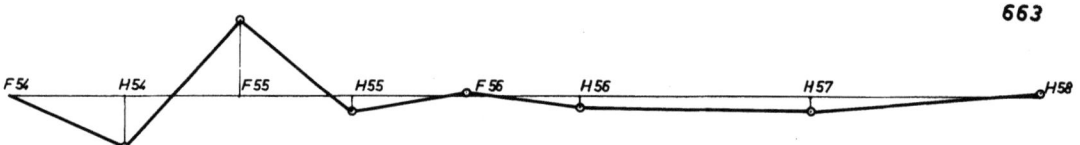

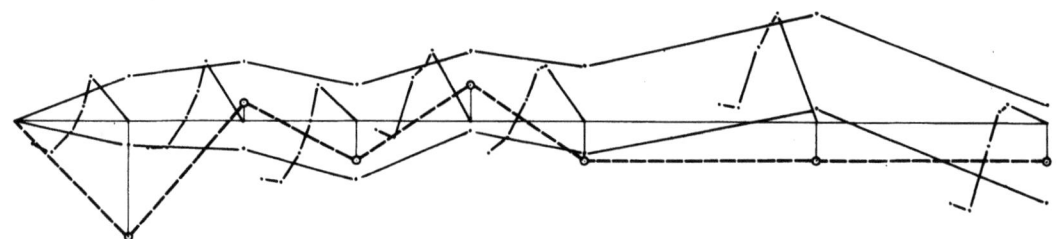

Anlage 9, Abbildung 15

665

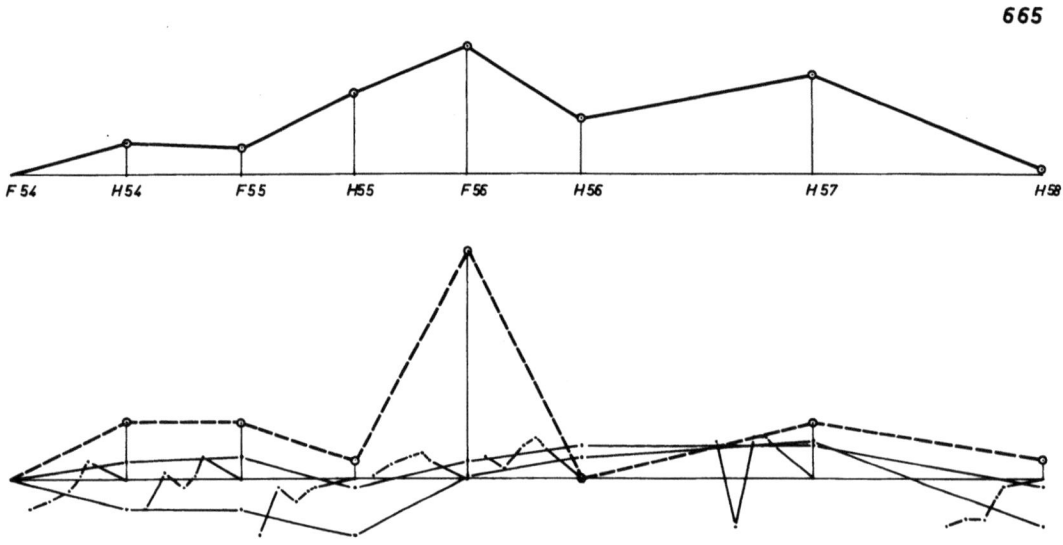

Anlage 9, Abbildung 16

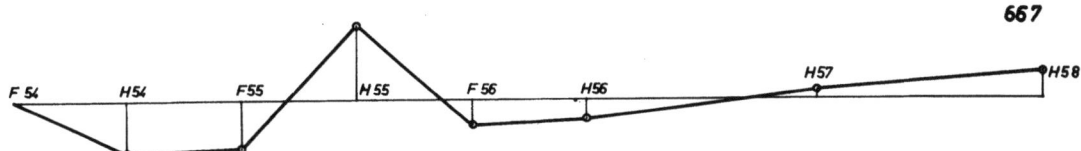

667

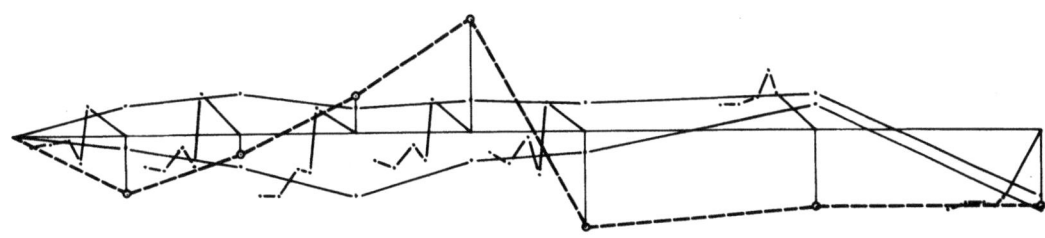

Anlage 9, Abbildung 17

669

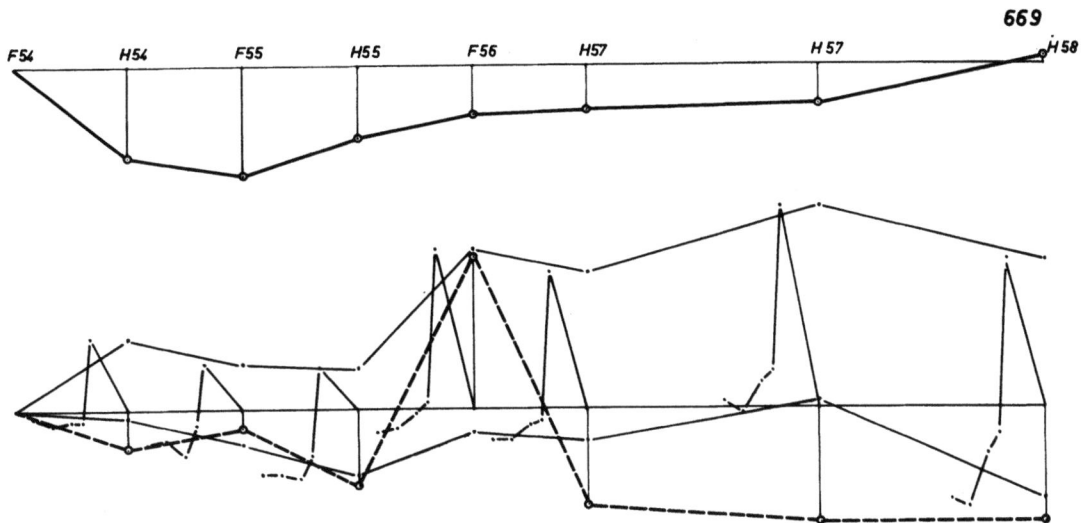

Anlage 9, Abbildung 18

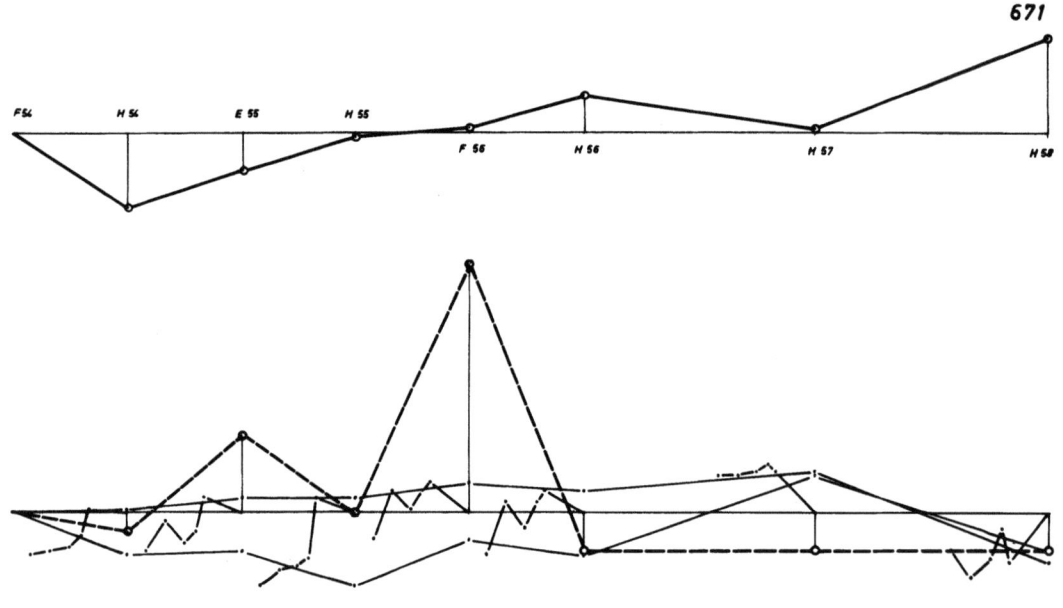

Anlage 9, Abbildung 19

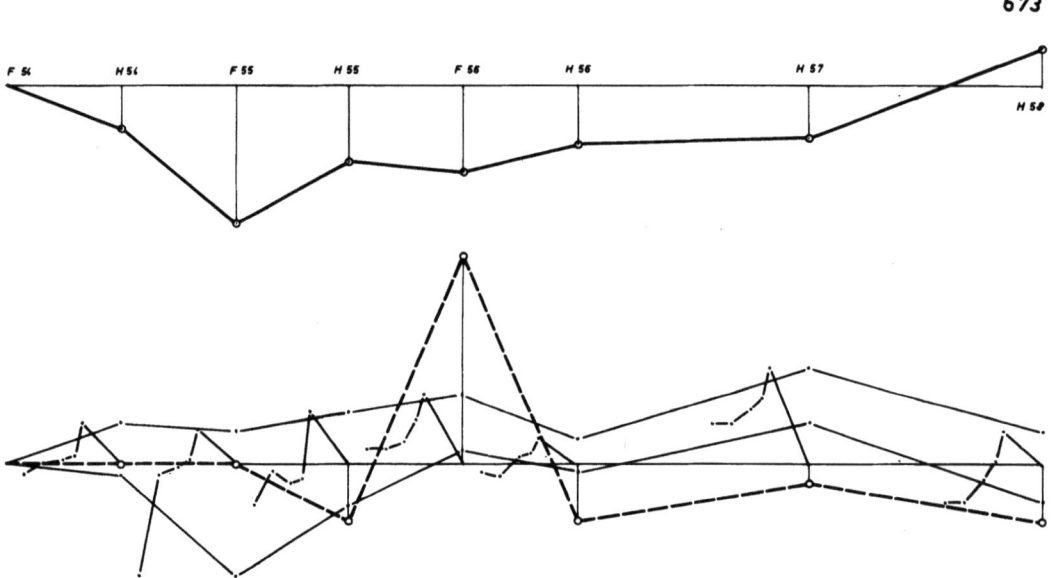

Anlage 9, Abbildung 20

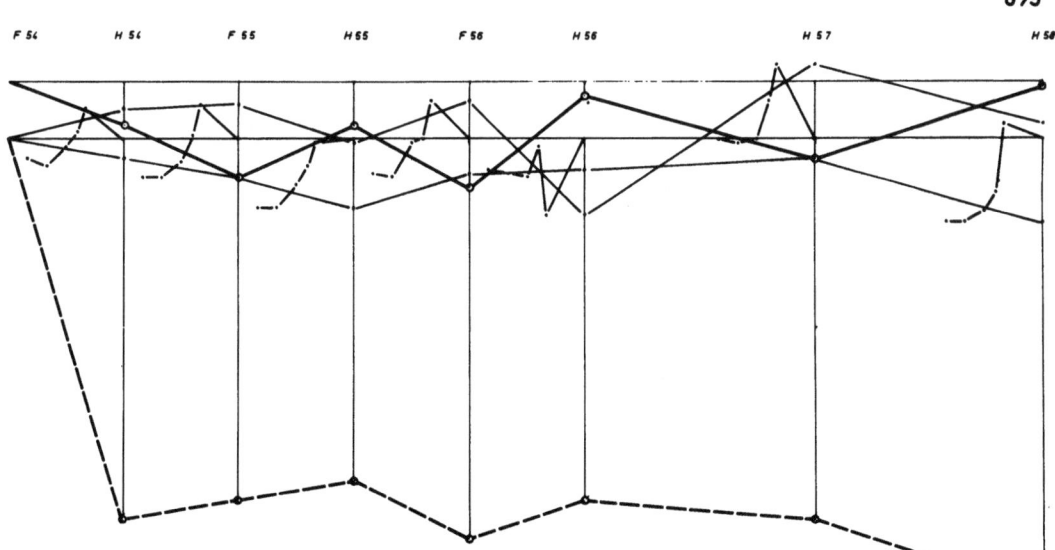

Anlage 9, Abbildung 21

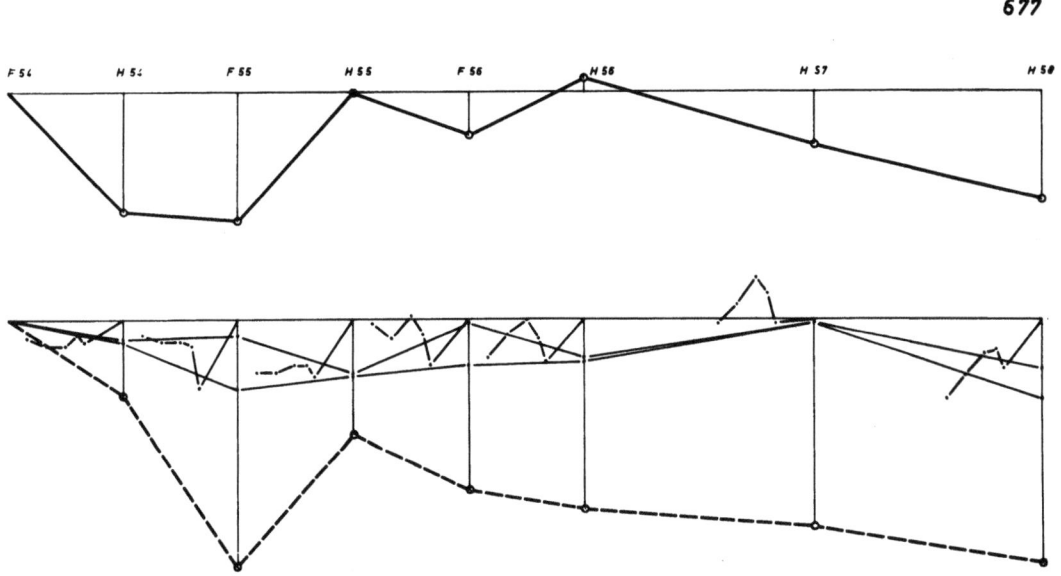

Anlage 9, Abbildung 22

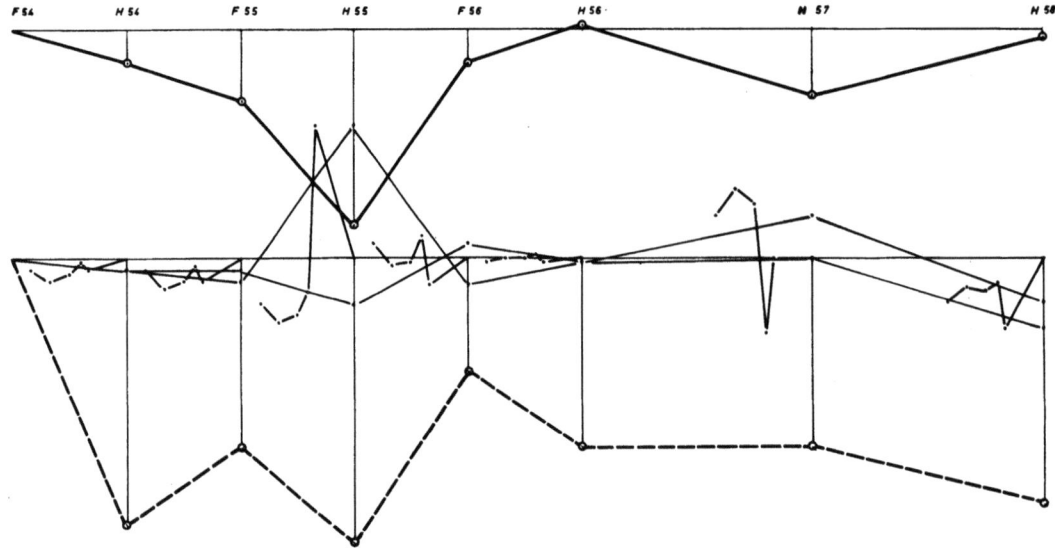

Anlage 9, Abbildung 23

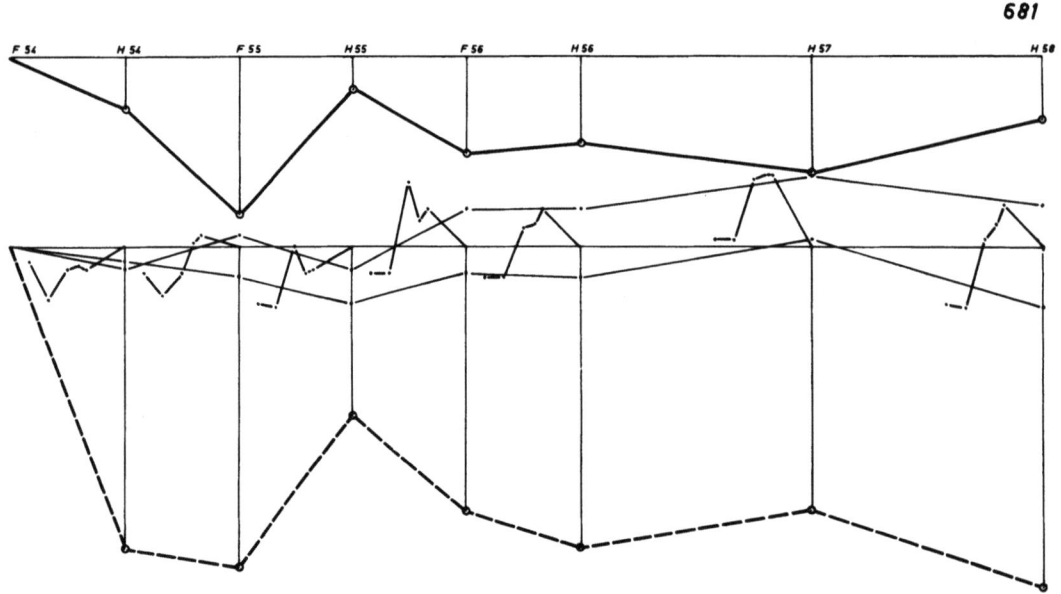

Anlage 9, Abbildung 24

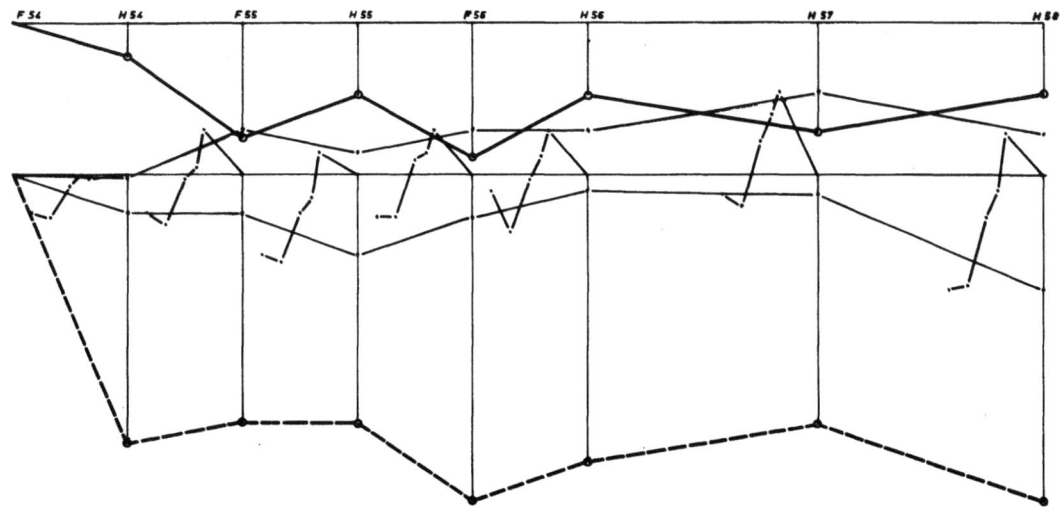

Anlage 9, Abbildung 25

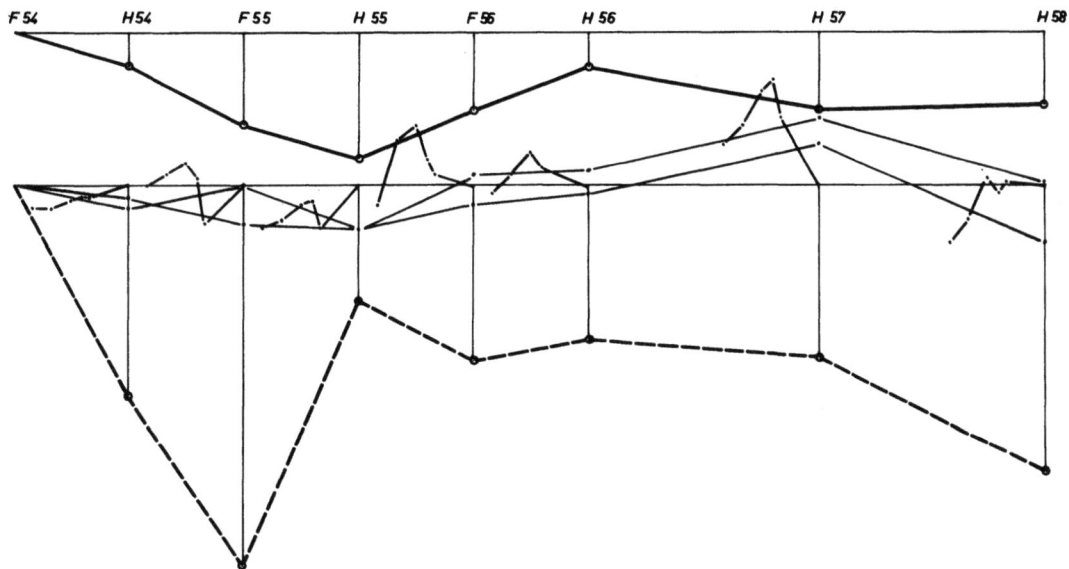

Anlage 9, Abbildung 26

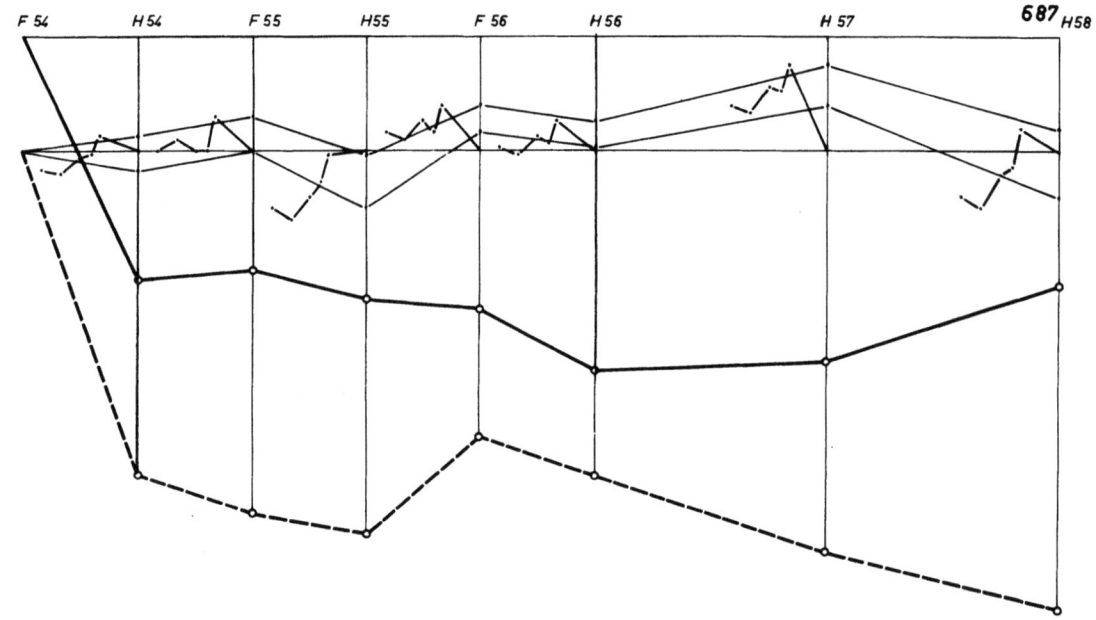

Anlage 9, Abbildung 27

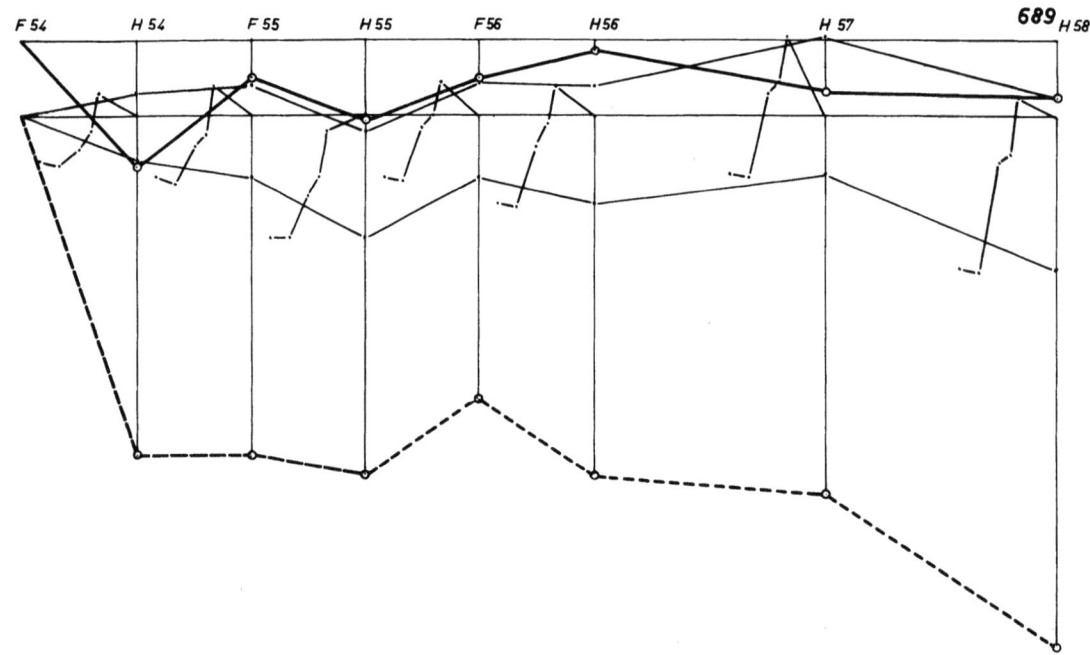

Anlage 9, Abbildung 28

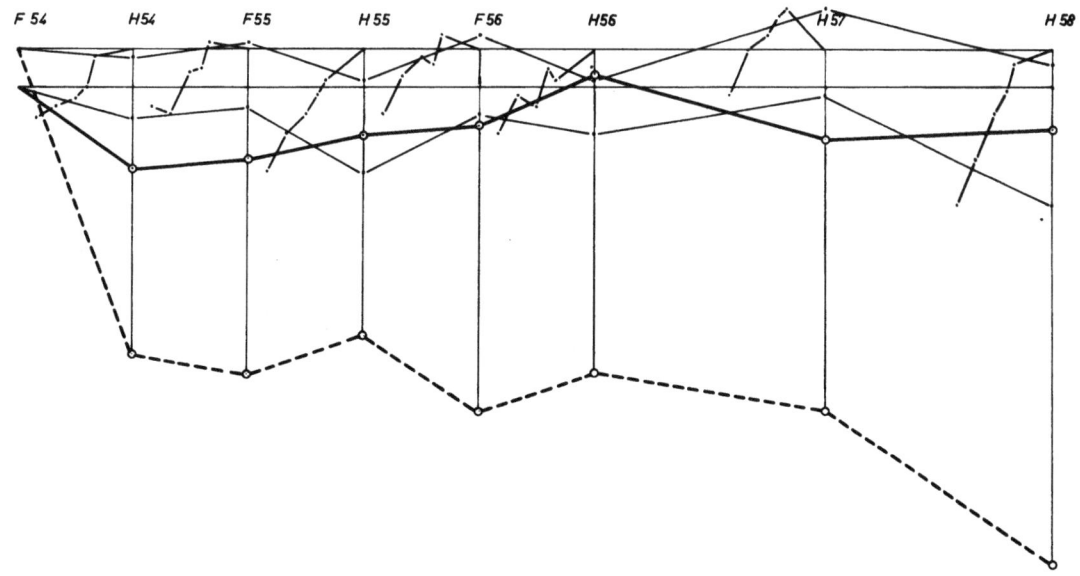

Anlage 9, Abbildung 29

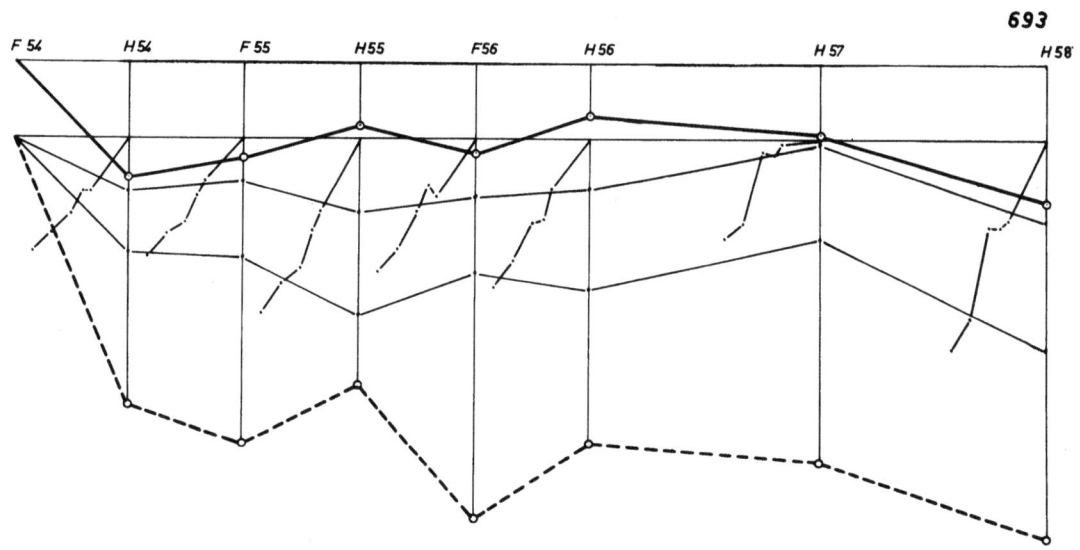

Anlage 9, Abbildung 30

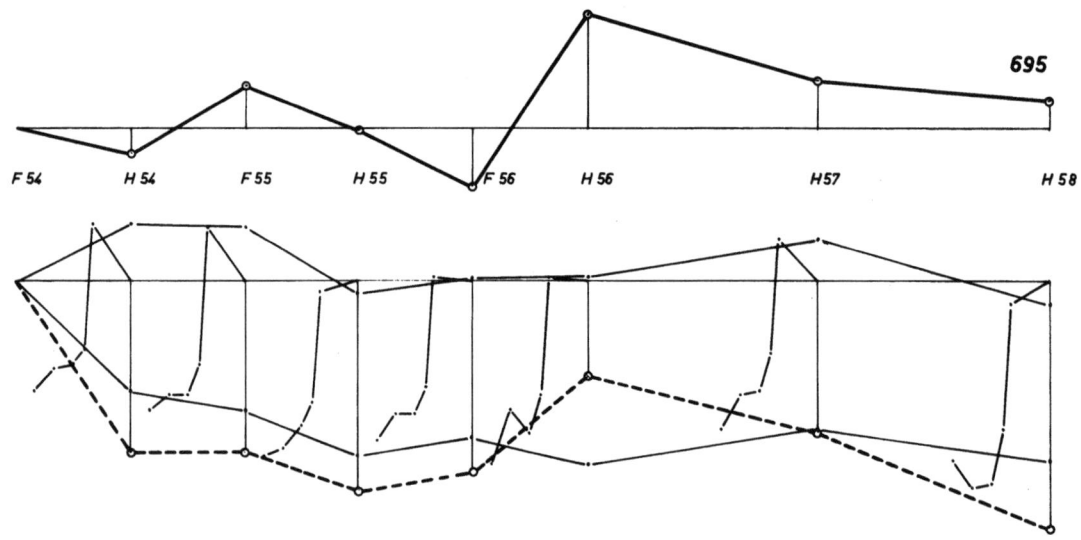

Anlage 9, Abbildung 31

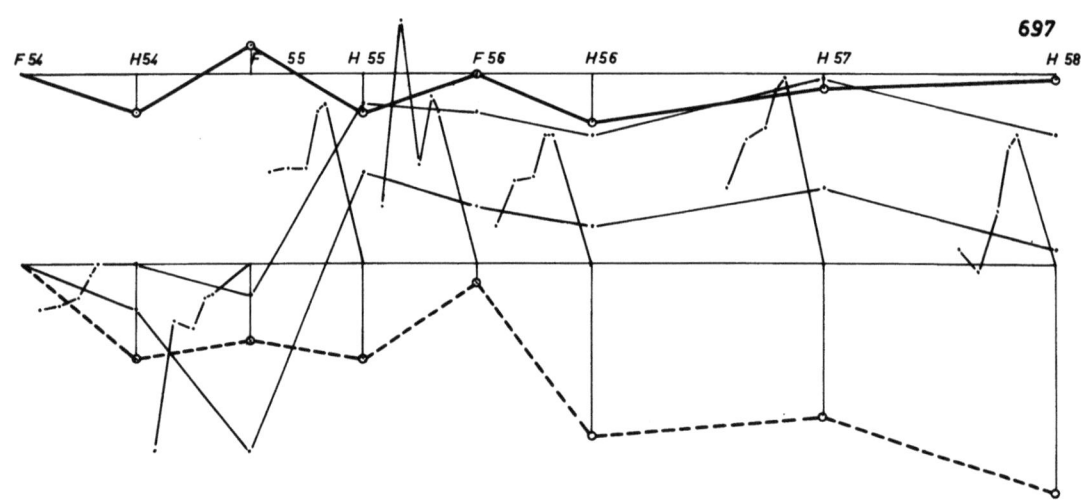

Anlage 9, Abbildung 32

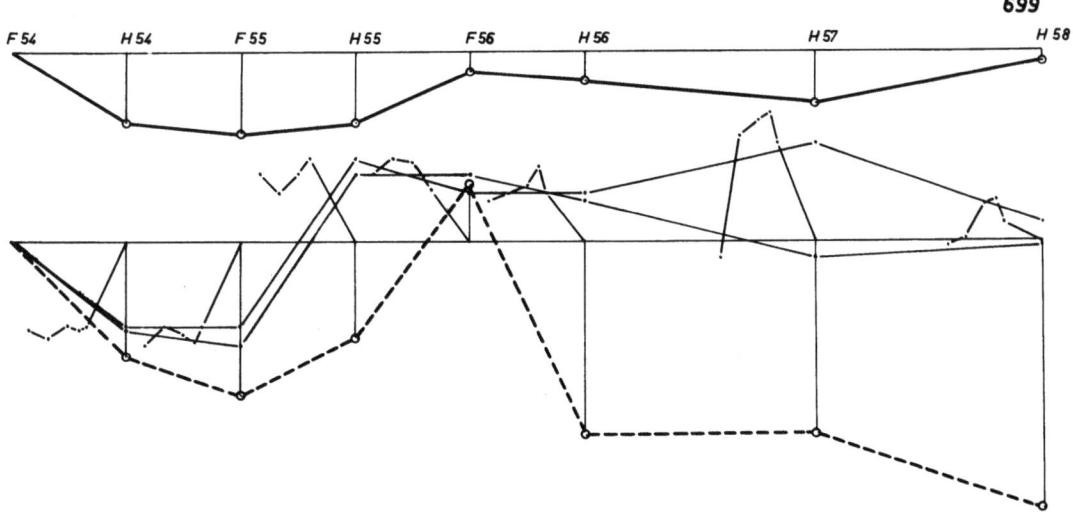

Anlage 9, Abbildung 33

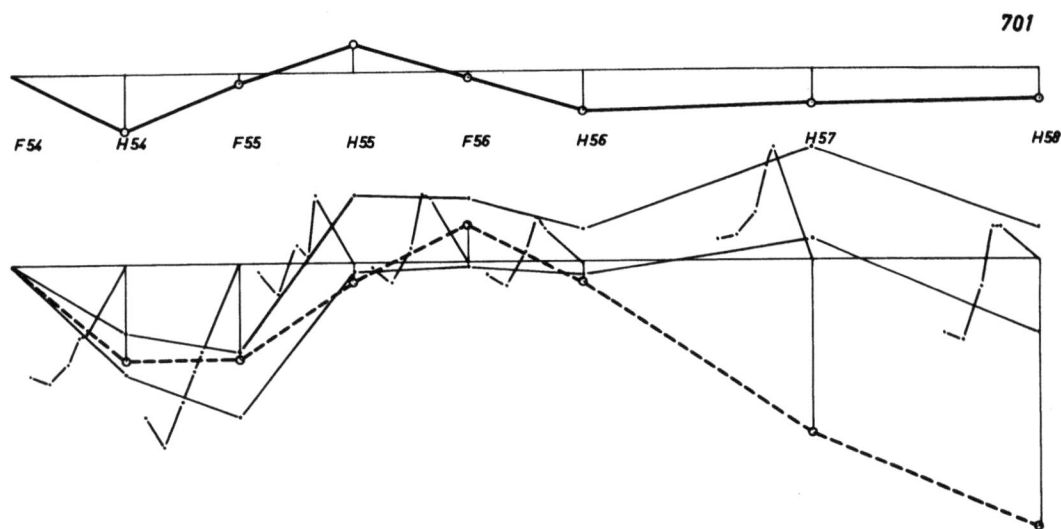

Anlage 9, Abbildung 34

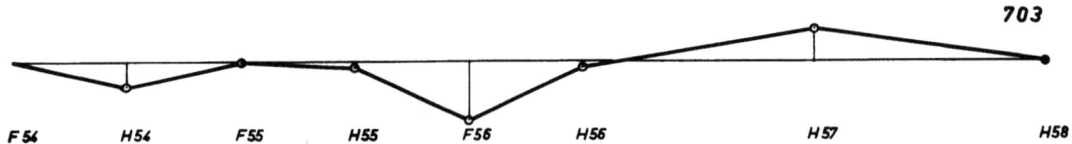
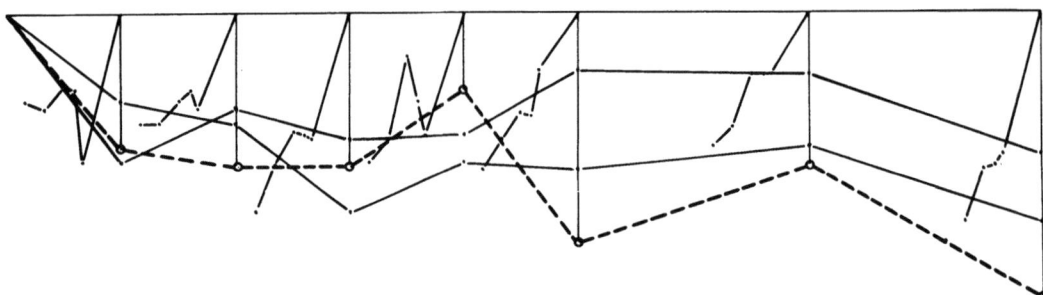

Anlage 9, Abbildung 35

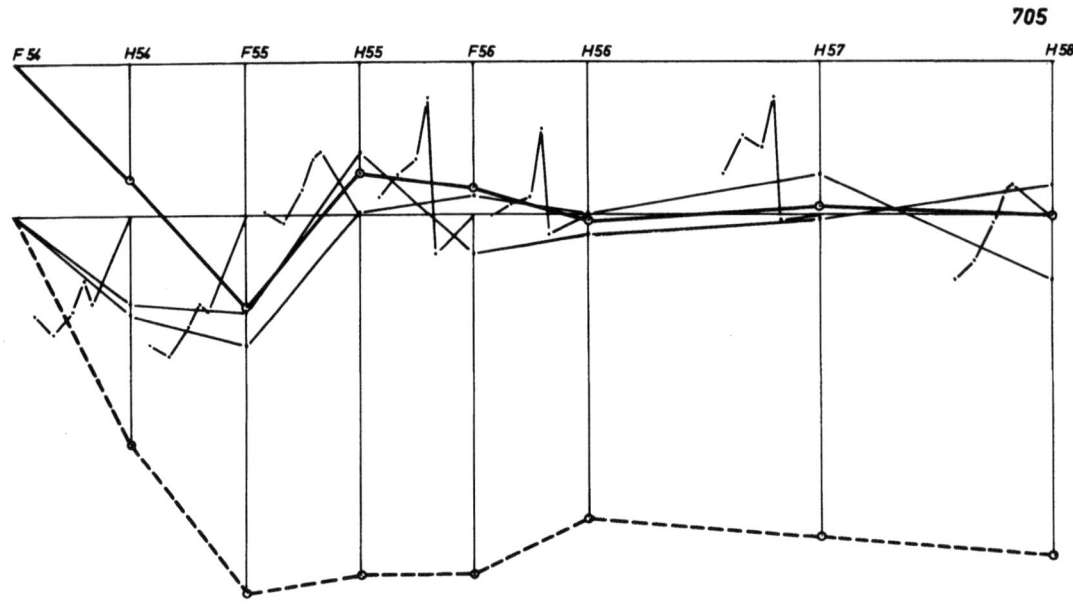

Anlage 9, Abbildung 36

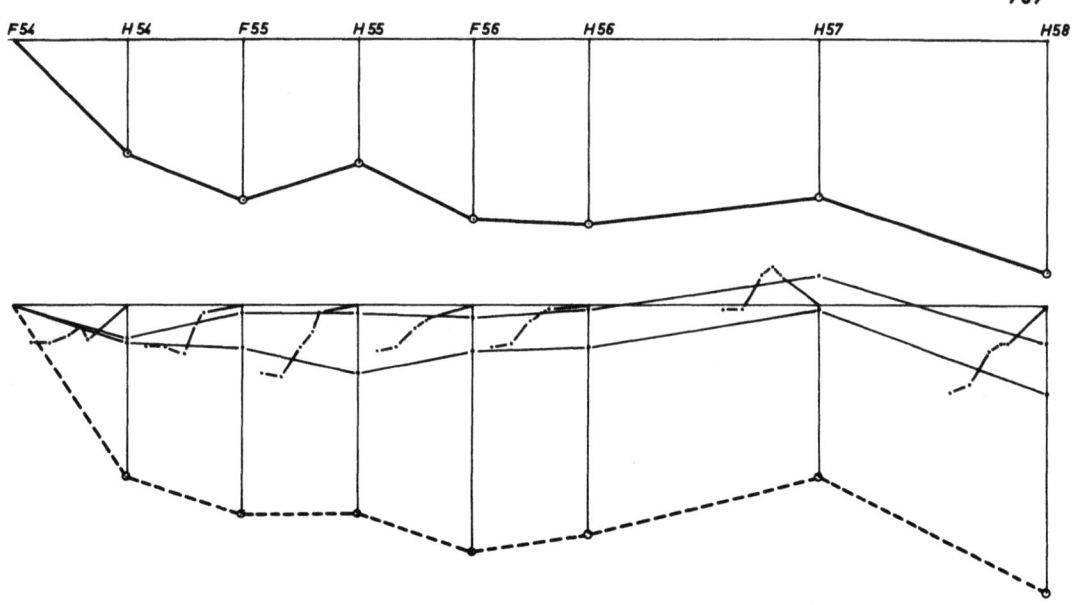

Anlage 9, Abbildung 37

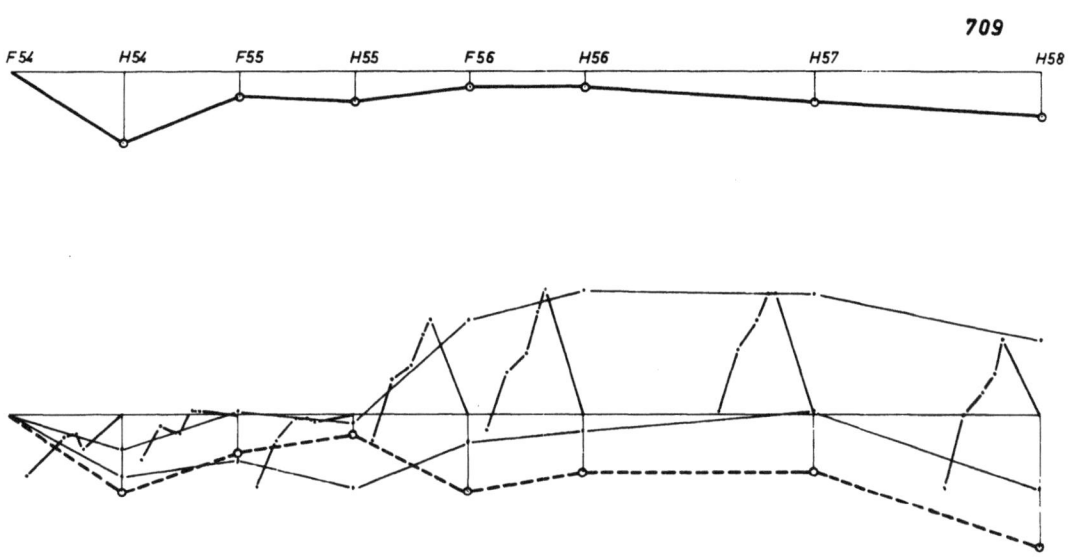

Anlage 9, Abbildung 38

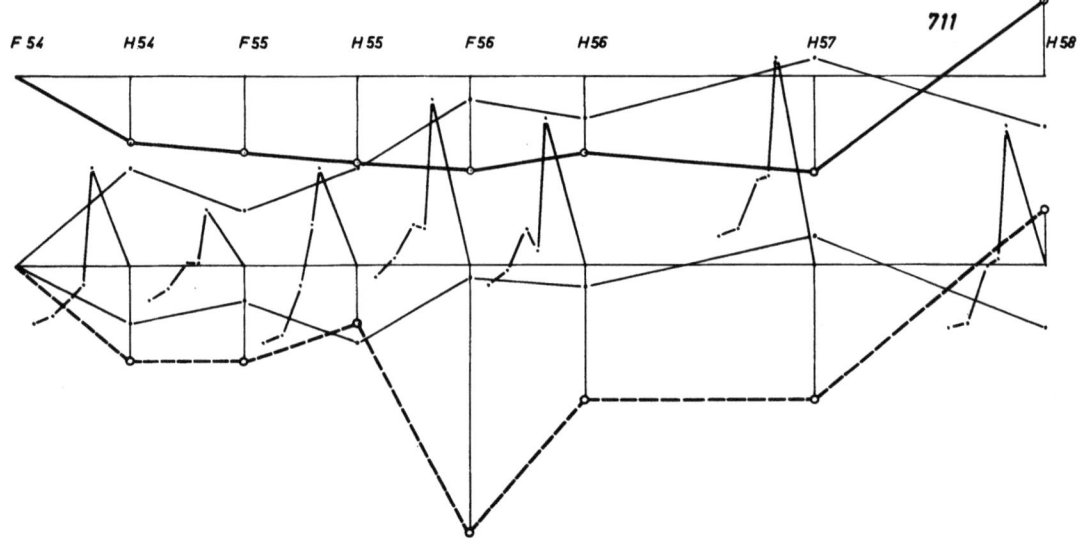

Anlage 9, Abbildung 39

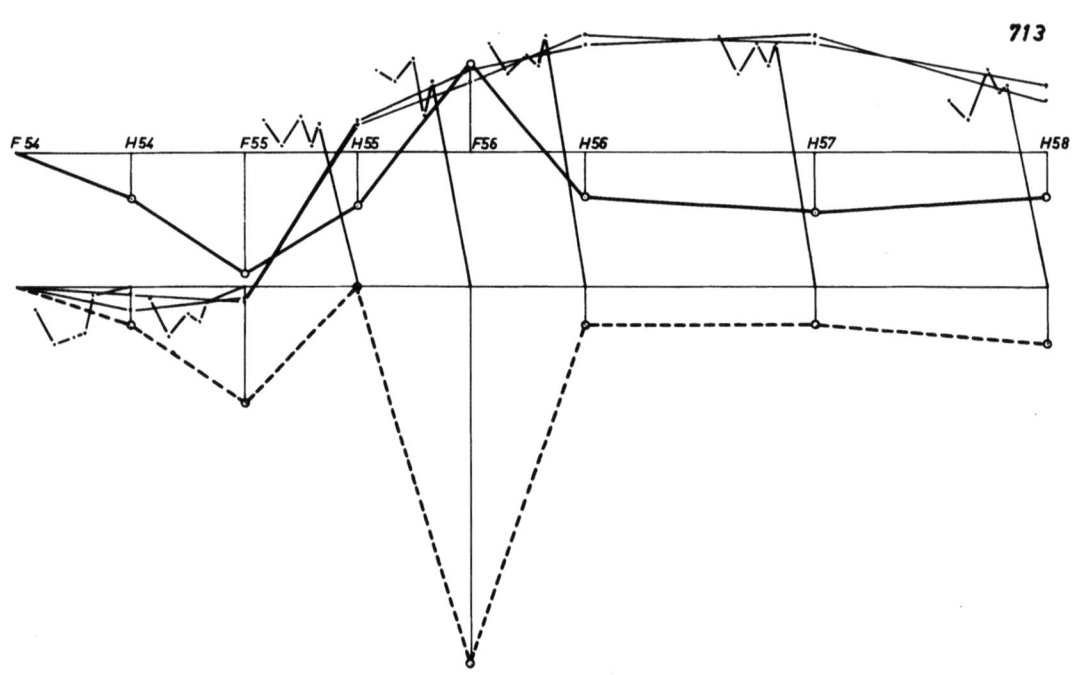

Anlage 9, Abbildung 40

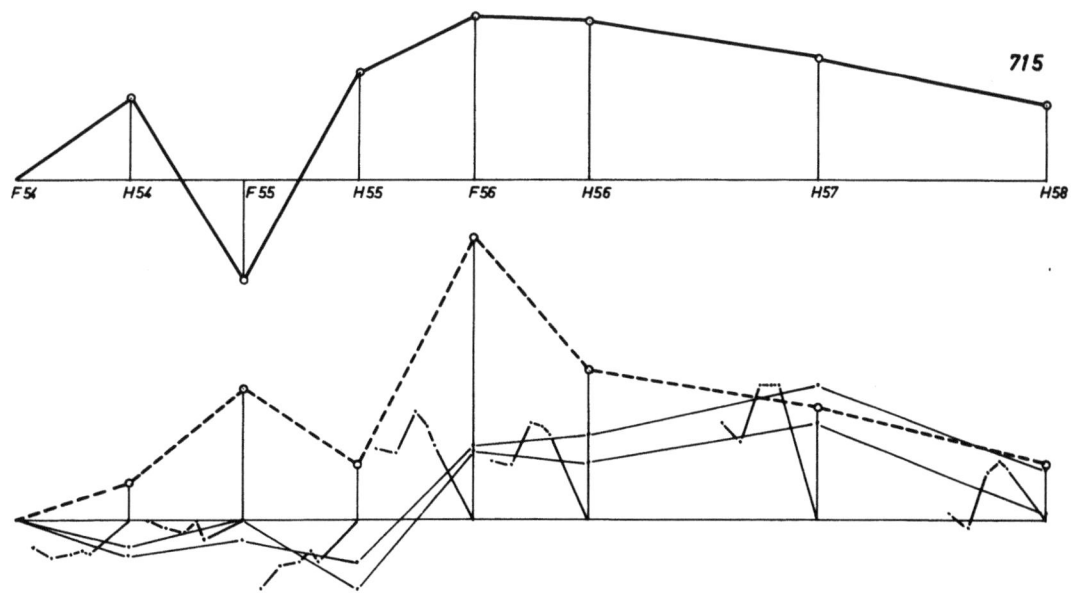

Anlage 9, Abbildung 41

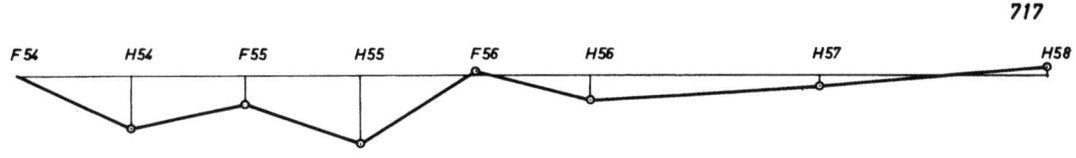

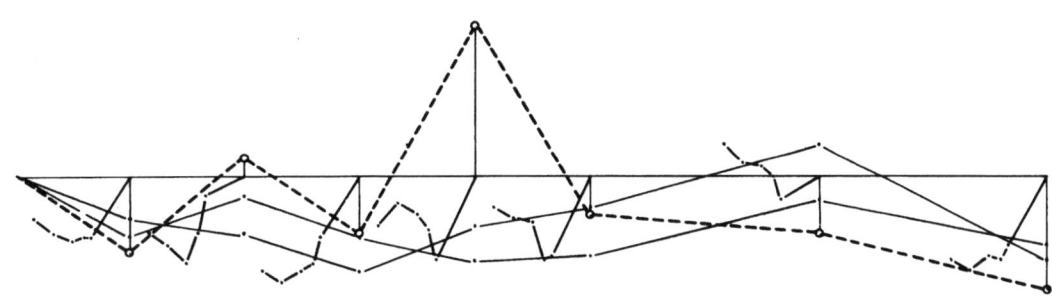

Anlage 9, Abbildung 42

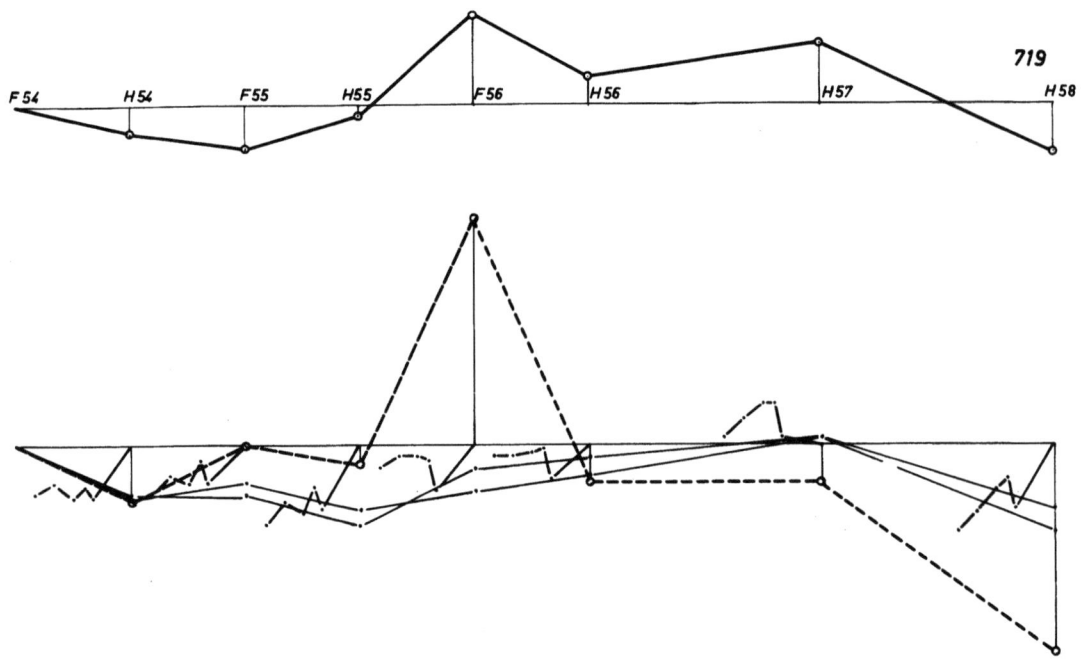

Anlage 9, Abbildung 43

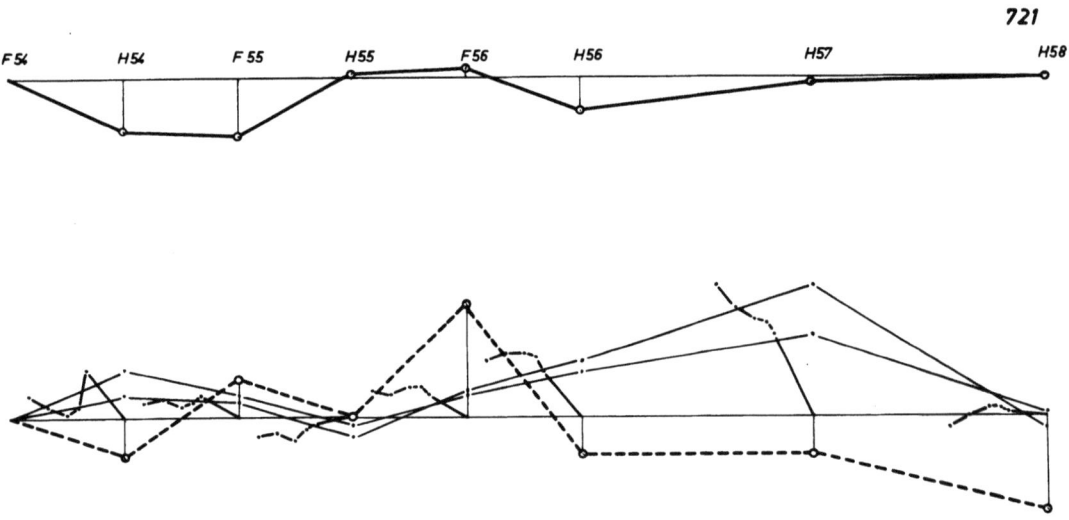

Anlage 9, Abbildung 44

Seite 116

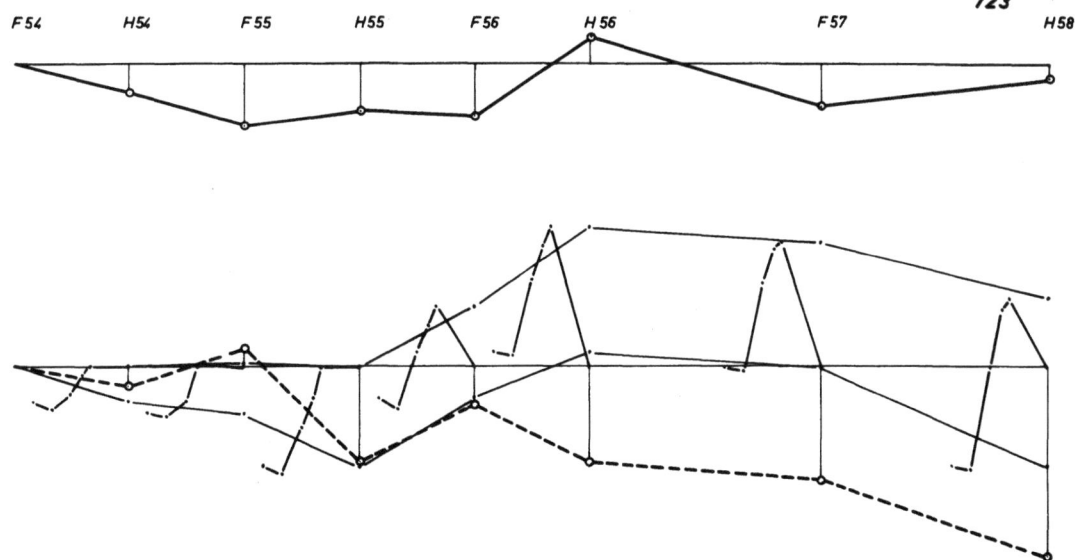

Anlage 9, Abbildung 45

Anlage 10, Tabelle 1

Bodenbewegungsgrößen

Anlage 10, Tabelle 1

Bodenbewegungsgrößen $\frac{\Sigma|\vartheta_n|}{5}$

Art der Bodenverfestigung	Nummer des Feldes	F.54 - H.54 $\frac{\Sigma|\vartheta_n|}{5}$	F.54 - F.55 $\frac{\Sigma|\vartheta_n|}{5}$	F.54 - H.55 $\frac{\Sigma|\vartheta_n|}{5}$	F.54 - F.56 $\frac{\Sigma|\vartheta_n|}{5}$	F.54 - H.56 $\frac{\Sigma|\vartheta_n|}{5}$	F.54 - H.57 $\frac{\Sigma|\vartheta_n|}{5}$	F.54 - H.58 $\frac{\Sigma|\vartheta_n|}{5}$
Ohne Bodenverfestigung	635	1,6	2,6	2,3	2,0	2,6	1,9	1,7
	637	1,0	1,5	1,1	1,2	1,4	1,4	0,7
	639	0,9	1,6	0,9	1,7	1,5	1,5	1,3
	641	0,5	1,0	0,9	1,8	0,9	0,8	1,9
	643	1,3	1,6	1,4	2,9	1,6	2,3	1,8
	645	5,2	5,4	5,6	4,5	4,9	5,5	5,4
	647	1,7	1,6	2,7	2,4	4,1	3,4	3,3
	649	1,8	2,3	2,4	1,6	4,6	3,9	4,0
	651	1,8	1,5	2,0	1,5	3,1	3,2	3,5
Bodenverf. mit Portland-Zement	653	1,5	1,2	1,3	3,5	1,5	1,5	2,3
	655	1,9	3,5	4,1	2,8	3,5	4,2	4,2
	657	1,9	2,1	2,4	3,1	2,0	1,5	2,1
	659	1,4	1,4	4,0	3,8	0,7	0,7	0,9
	661	2,6	1,2	1,7	1,8	1,5	1,1	1,5
	663	1,9	1,3	1,1	0,9	0,8	0,7	1,1
	665	1,2	1,3	1,6	3,3	1,2	1,4	1,5
	667	0,8	0,9	1,2	3,5	2,1	2,2	2,6
	669	1,3	2,0	1,1	5,6	1,9	2,2	3,2
Bodenverf. mit Traß-Zement	671	1,3	2,8	0,3	6,4	1,8	1,1	1,6
	673	0,9	2,9	1,1	7,3	1,3	1,4	1,3
	675	9,1	7,5	8,1	8,3	9,2	8,4	11,9
	677	4,5	3,8	3,2	3,6	5,3	4,4	4,2
	679	6,3	3,5	3,4	2,3	5,1	3,6	6,3
	681	6,9	5,2	3,8	5,0	6,2	4,6	7,7
	683	6,5	4,1	5,0	5,9	6,0	4,2	7,0
	685	4,8	8,1	0,9	3,3	3,3	3,1	6,0
	687	3,4	4,6	4,5	3,0	3,1	4,7	6,8
Bodenverf. mit Bitumen	689	6,3	8,2	7,8	6,7	9,3	8,9	12,8
	691	6,3	7,0	6,5	8,7	8,8	8,4	12,6
	693	4,6	5,9	5,2	8,1	6,9	7,0	7,6
	695	4,0	5,4	5,5	3,8	4,9	5,0	7,1
	697	1,7	2,6	2,1	2,5	3,5	3,7	5,9
	699	1,5	2,3	1,0	1,9	4,4	3,9	6,8
	701	1,3	2,3	1,1	2,5	4,2	3,8	6,4
	703	3,0	4,0	3,9	1,2	5,9	4,7	7,5
	705	3,6	4,9	7,3	6,9	4,7	5,5	6,2
Mechanische Bodenverf.	707	2,1	2,1	2,9	2,7	2,1	1,6	2,6
	709	1,1	0,9	1,3	1,7	1,2	0,9	2,6
	711	1,1	1,5	1,5	5,0	1,9	1,7	3,9
	713	1,0	0,9	1,1	8,1	0,7	1,1	1,4
	715	1,7	1,6	2,0	4,4	3,2	2,6	2,7
	717	0,9	1,5	0,9	3,9	1,5	1,5	3,2
	719	0,9	0,9	0,5	4,1	1,6	2,3	4,5
	721	0,7	2,2	1,1	2,8	0,7	1,1	2,5
	723	0,7	1,8	2,0	2,1	3,1	2,1	4,7

Anlage 11, Abbildungen 1 bis 6

Abhängigkeit der Plattenverformungen von den Bodenbewegungsgrößen

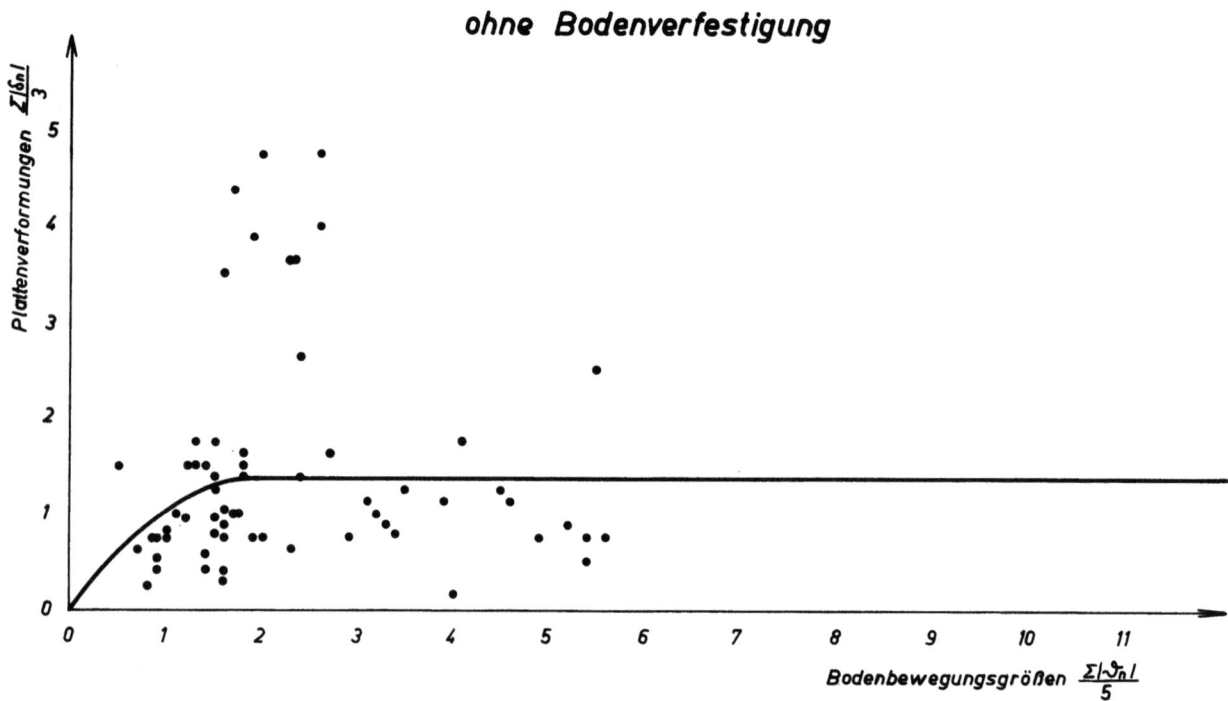

Anlage 11, Abbildung 1

Abhängigkeit der Plattenverformungen $\frac{\Sigma|\delta_n|}{3}$ von den Bodenbewegungsgrößen $\frac{\Sigma|\vartheta_n|}{5}$ ohne Bodenverfestigung

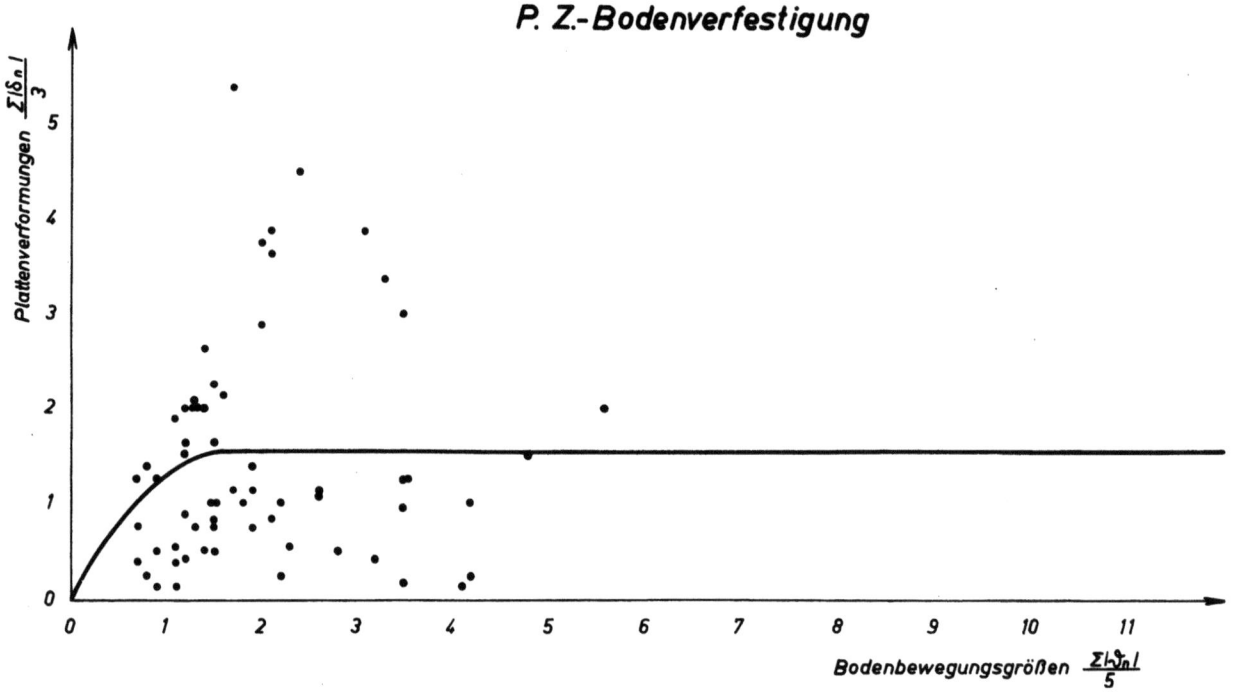

Anlage 11, Abbildung 2

Abhängigkeit der Plattenverformungen $\frac{\Sigma|\delta_n|}{3}$ von den Bodenbewegungsgrößen $\frac{\Sigma|\vartheta_n|}{5}$ Portland-Zement-Bodenverfestigung

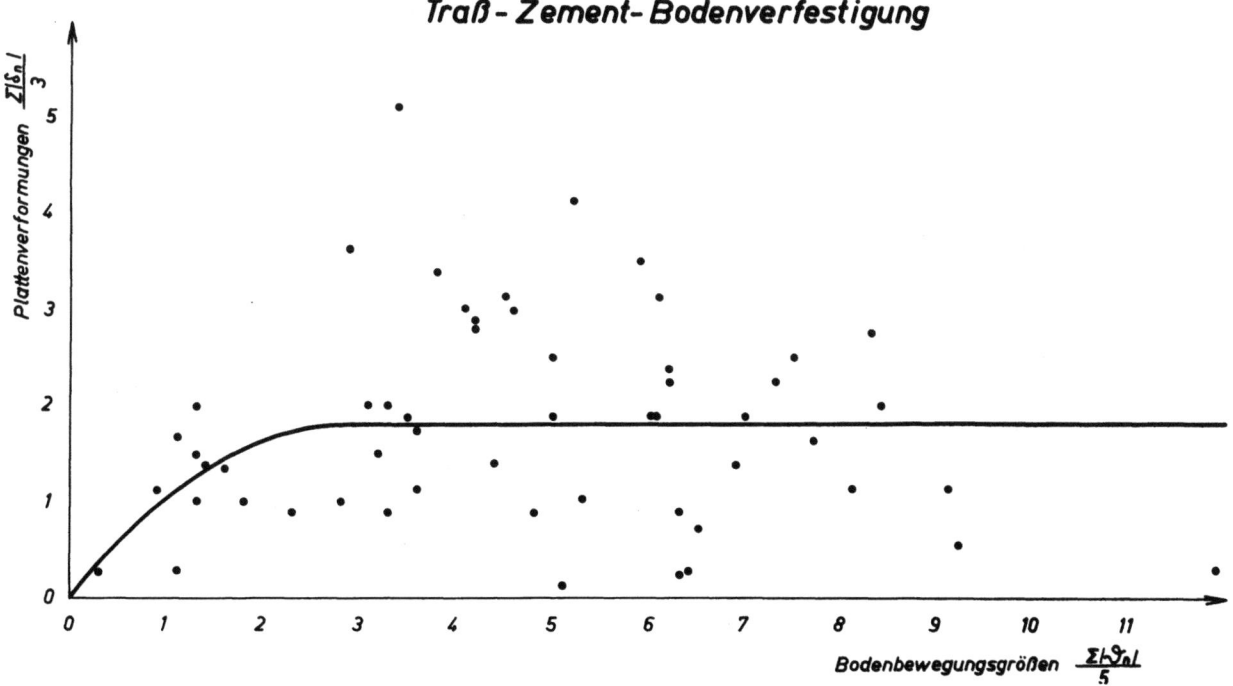

Anlage 11, Abbildung 3

Abhängigkeit der Plattenverformungen $\frac{\Sigma|\delta_n|}{3}$ von den Bodenbewegungsgrößen $\frac{\Sigma|\vartheta_n|}{5}$
Traß-Zement-Bodenverfestigung

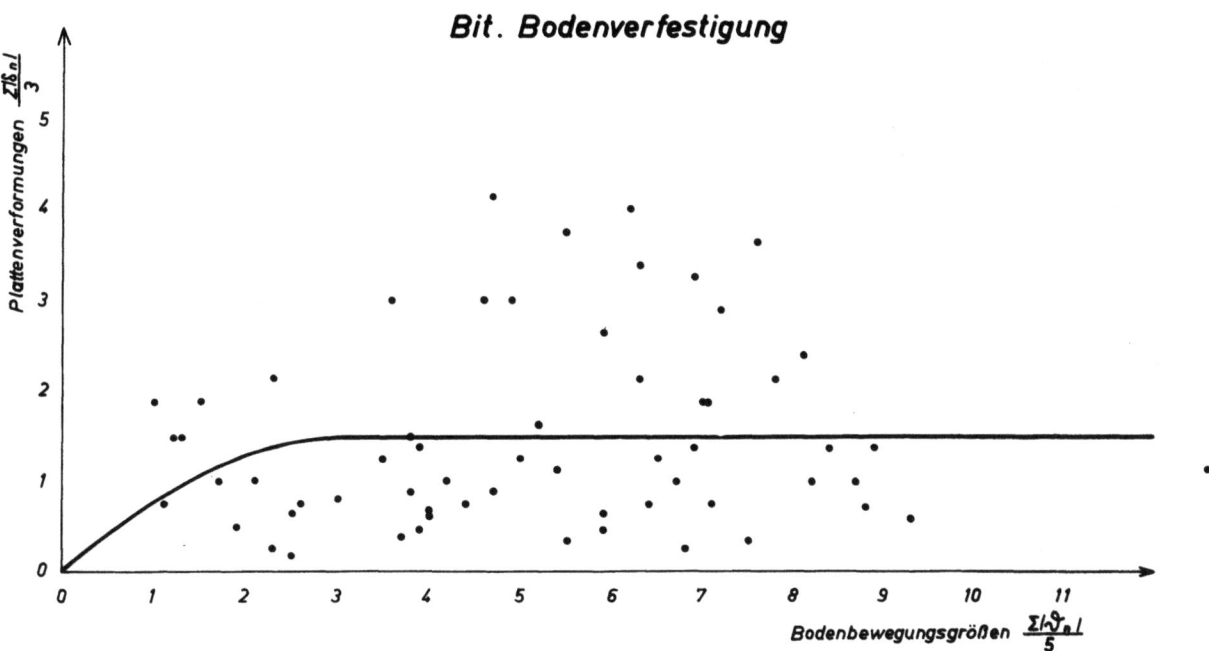

Anlage 11, Abbildung 4

Abhängigkeit der Plattenverformungen $\frac{\Sigma|\delta_n|}{3}$ von den Bodenbewegungsgrößen $\frac{\Sigma|\vartheta_n|}{5}$
Bitumen-Bodenverfestigung

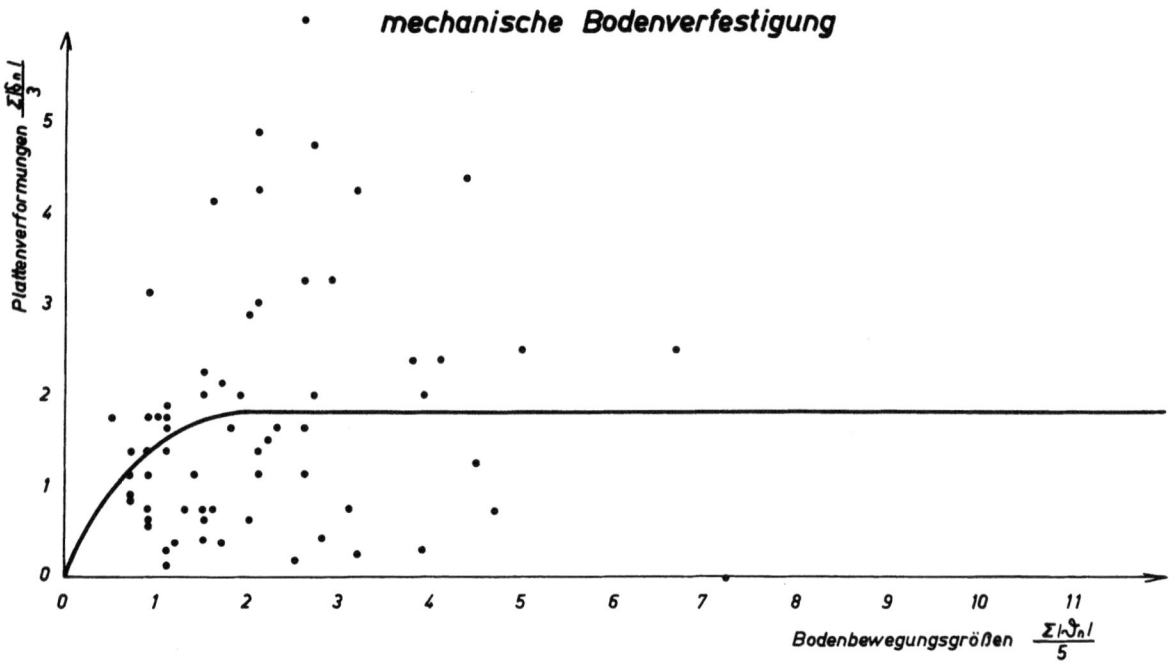

Anlage 11, Abbildung 5

Abhängigkeit der Plattenverformungen $\frac{\Sigma|\delta_n|}{3}$ von den Bodenbewegungsgrößen $\frac{\Sigma|\vartheta_n|}{5}$
mechanische Bodenverfestigung

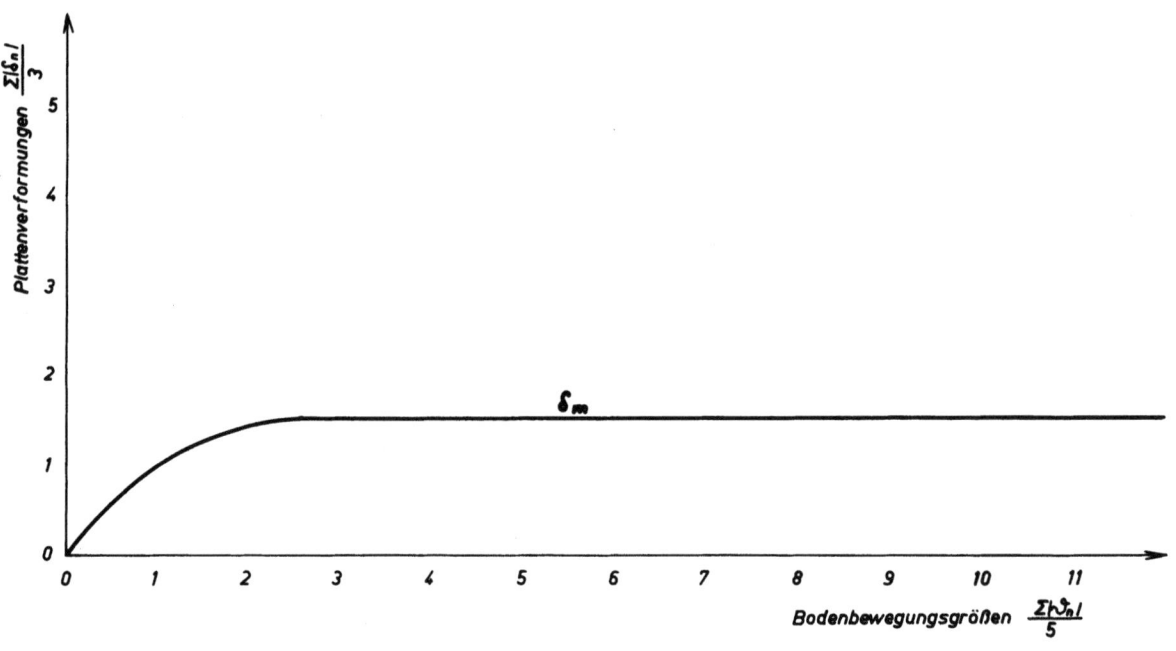

Anlage 11, Abbildung 6

Reduktionskurve δ_m

Anlage 12, Abbildungen 1 bis 5

Abhängigkeit der Plattenverformungen von den Bodenbewegungsgrößen
zur Ermittlung der δ_m-Werte

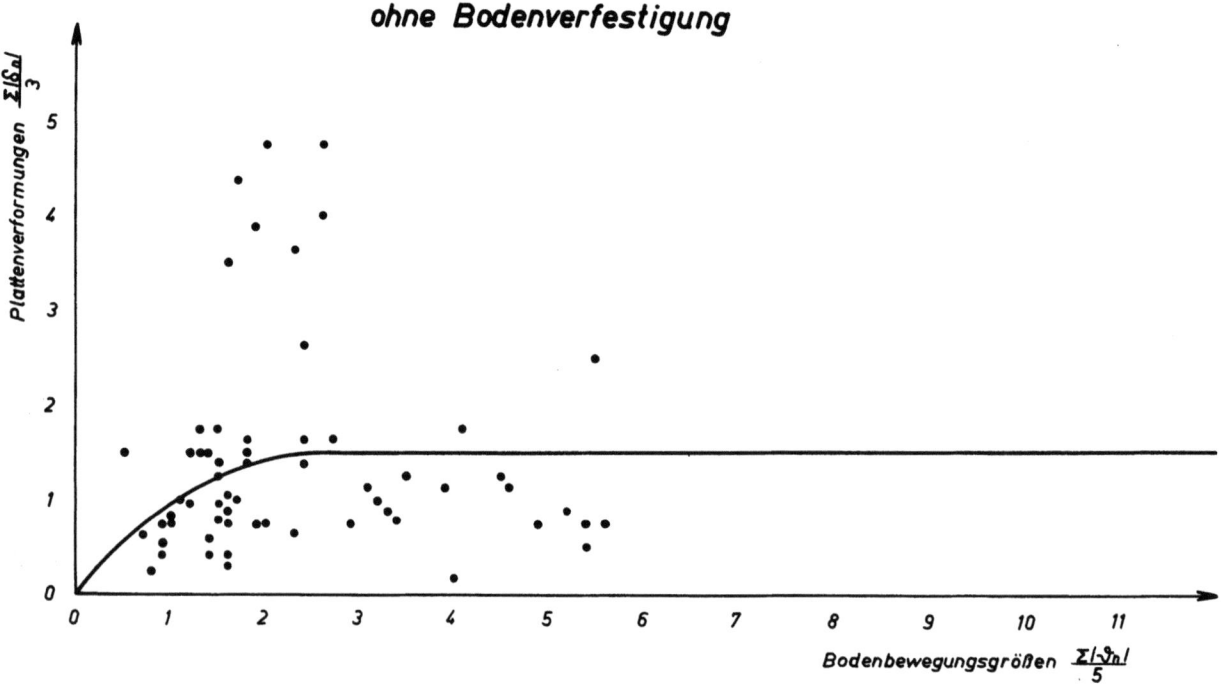

Anlage 12, Abbildung 1
Abhängigkeit der Plattenverformungen $\frac{\Sigma|\delta_n|}{3}$ von den Bodenbewegungsgrößen $\frac{\Sigma|\vartheta_n|}{5}$
ohne Bodenverfestigung

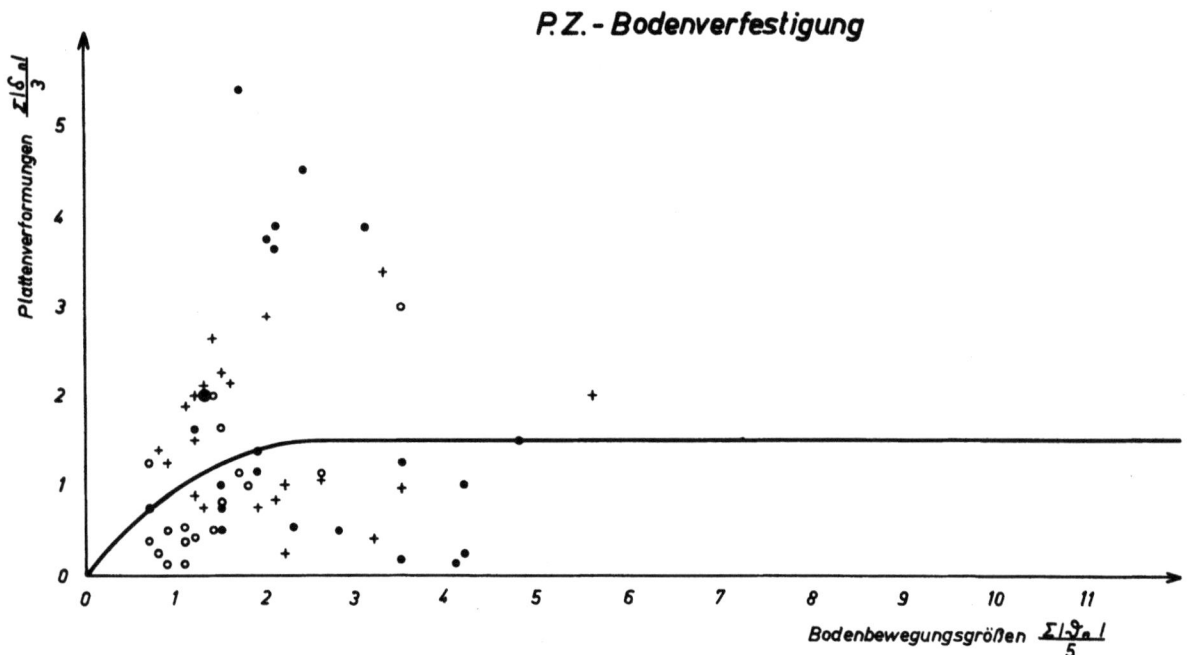

Anlage 12, Abbildung 2
Abhängigkeit der Plattenverformungen $\frac{\Sigma|\delta_n|}{3}$ von den Bodenbewegungsgrößen $\frac{\Sigma|\vartheta_n|}{5}$
Portland-Zement-Bodenverfestigung

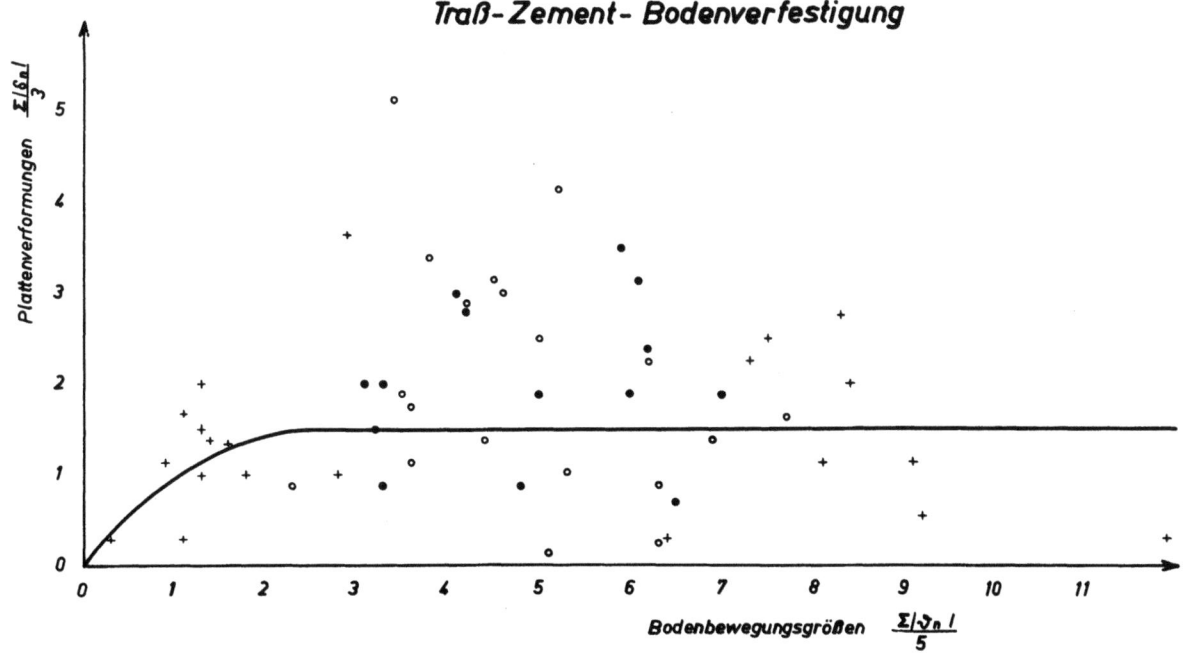

Anlage 12, Abbildung 3
Abhängigkeit der Plattenverformungen $\frac{\Sigma|\delta_n|}{3}$ von den Bodenbewegungsgrößen $\frac{\Sigma|\vartheta_n|}{5}$
Traß-Zement-Bodenverfestigung

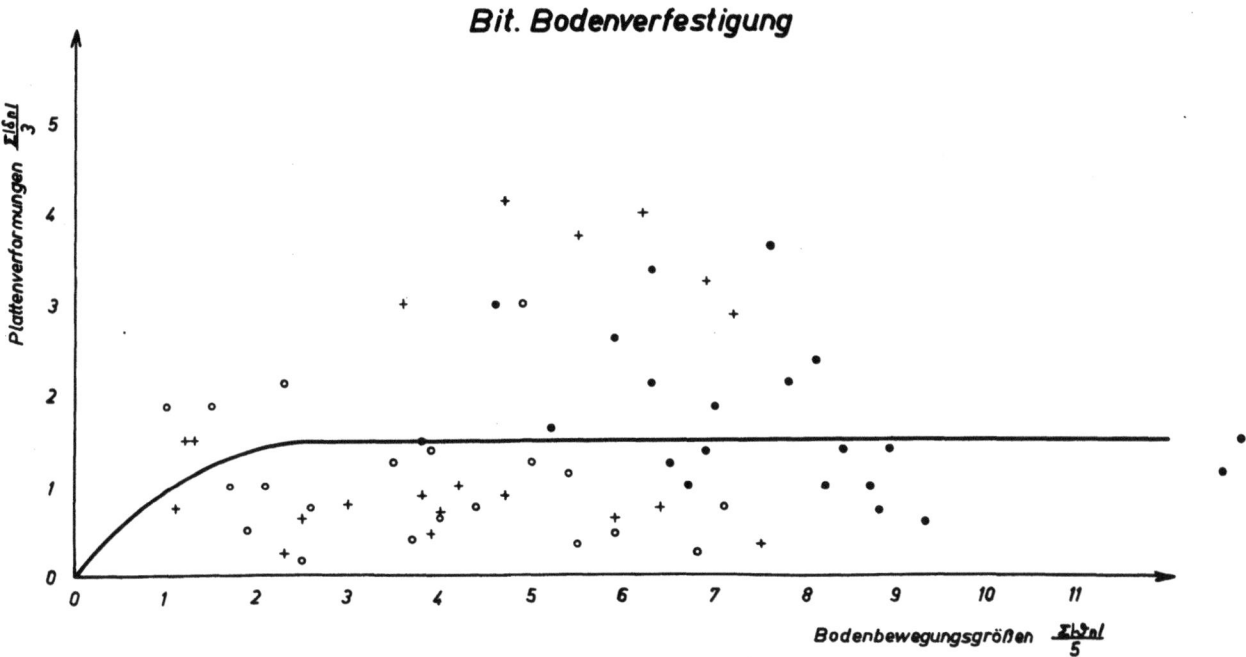

Anlage 12, Abbildung 4
Abhängigkeit der Plattenverformungen $\frac{\Sigma|\delta_n|}{3}$ von den Bodenbewegungsgrößen $\frac{\Sigma|\vartheta_n|}{5}$
Bitumen-Bodenverfestigung

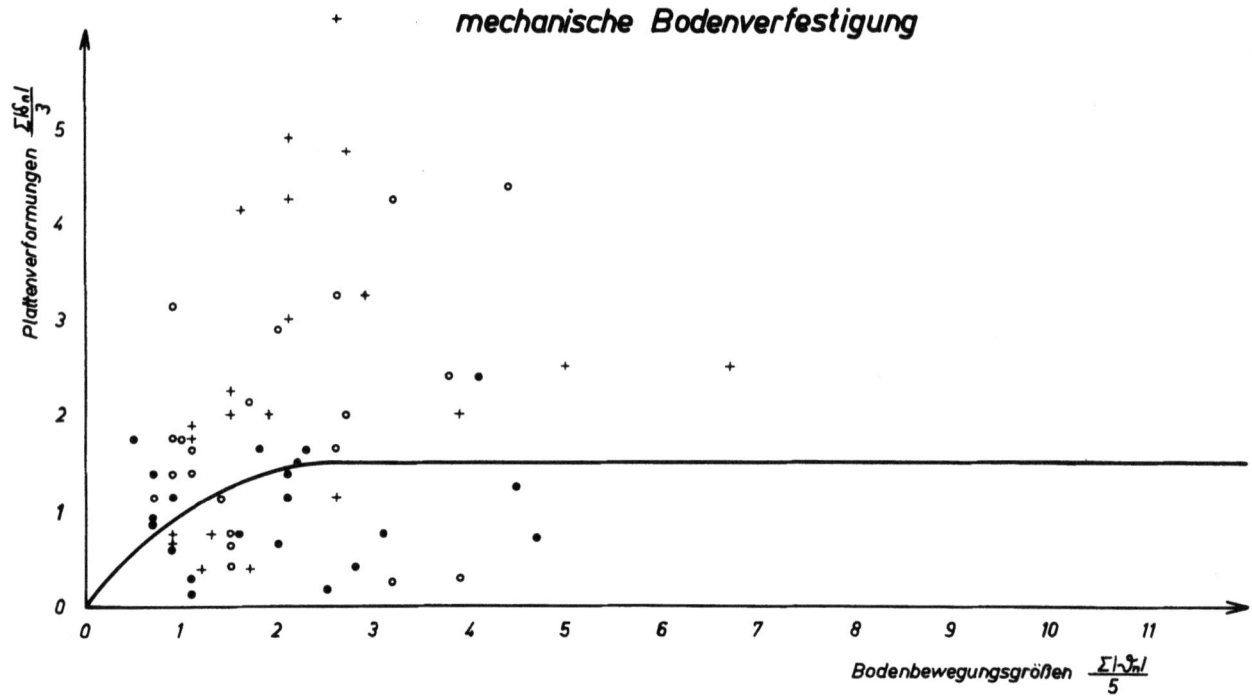

Anlage 12, Abbildung 5

Abhängigkeit der Plattenverformungen $\frac{\Sigma|\delta_n|}{3}$ von den Bodenbewegungsgrößen $\frac{\Sigma|\vartheta_n|}{5}$

mechanische Bodenverfestigung

Anlage 13, Tabelle 1

Plattenverformungen mit Berücksichtigung der Untergrundverhältnisse

Anlage 13, Tabelle 1

Plattenverformungen mit Berücksichtigung der Untergrundverhältnisse

Art der Bodenverfestigung	Feldnummer	Herbst 54	Frühj. 55	Herbst 55	Frühj. 56	Herbst 56	Herbst 57	Herbst 58	$\Sigma(\Sigma\|\delta_n\|/3)$	je Platte	je Verf.-Abschnitt	in %	$\Sigma(\Sigma\|\delta_n\|/3)$	je Platte	je Verf.-Abschnitt	in %	je Abschn. gl.Dicke	in %
					1				2	3	4	5	6	7	8	9	10	11
Ohne Bodenverfestigung	635	2,02	2,67	2,45	3,28	3,12	2,75	3,29	28,89	4,13			19,58	2,80				
	637	0,83	0,77	0,95	0,87	0,48	1,25	0,83	6,46	0,92			5,98	0,85				
	639	0,59	0,22	0,46	0,75	0,63	1,40	1,30	6,29	0,90			5,35	0,76				
	641	2,50	0,75	0,82	1,01	0,82	0,30	0,52	6,13	0,88			6,73	0,96				
	643	1,52	0,58	0,35	0,50	0,68	2,45	1,19	9,81	1,40	1,41	100	9,09	1,30	1,10	100	1,1	100
	645	0,59	0,50	0,50	0,83	0,50	1,67	0,33	7,36	1,05			4,92	0,70				
	647	0,75	0,81	1,09	1,77	1,17	0,53	0,59	9,72	1,39			6,71	0,96				
	649	1,09	0,43	0,93	0,33	0,75	0,75	0,11	6,36	0,91			4,39	0,63				
	651	1,36	1,10	0,52	1,00	0,75	0,67	0,83	8,26	1,18			6,23	0,89				
Bodenverf.mit Portl.-Zement	653	0,80	1,48	1,74	0,83	0,80	0,40	0,36	7,92	1,13			6,41	0,91				
	655	0,80	0,11	0,09	0,33	0,83	0,17	0,67	4,43	0,63			3,00	0,43			1,30	118
	657	4,05	2,66	3,02	2,59	2,59	0,60	2,49	25,77	3,68			18,00	2,57				
	659	1,62	0,42	2,00	1,00	1,64	0,99	0,54	9,50	1,36			8,26	1,18				
	661	0,75	0,38	0,85	0,73	0,63	0,36	1,30	6,48	0,93	1,45	103	5,00	0,71	1,22	109	0,83	75
	663	0,93	1,74	0,51	0,14	0,31	0,50	0,12	4,81	0,69			4,24	0,60				
	665	0,80	0,65	1,65	2,25	1,36	2,19	1,82	13,52	1,93			10,72	1,53				
	667	1,64	1,36	1,67	0,64	0,57	0,17	0,72	7,75	1,11			6,77	0,99			1,24	113
	669	1,77	1,99	1,79	1,33	0,53	0,68	0,28	10,97	1,57			8,37	1,19				
Bodenverf.mit Traß-Zement	671	1,74	0,77	0,81	0,19	0,67	0,28	1,09	6,20	0,89			5,56	0,79				
	673	1,23	2,42	1,59	1,50	1,30	1,15	0,87	12,56	1,79			10,06	1,44			1,08	98
	675	0,75	1,77	0,75	1,83	0,36	1,33	0,20	10,34	1,48			6,99	1,00				
	677	2,09	2,25	1,00	0,75	0,69	0,92	1,92	14,44	2,06			9,62	1,36				
	679	0,59	1,25	3,42	0,59	0,09	1,17	0,17	10,90	1,56	2,32	165	7,28	1,04	1,25	114	1,30	118
	681	0,92	2,75	0,59	1,67	1,50	2,00	1,09	15,77	2,25			10,52	1,50				
	683	0,47	2,00	1,25	2,33	1,25	1,87	1,25	15,65	2,24			10,42	1,49				
	685	0,59	1,58	2,15	1,33	0,59	1,33	1,25	9,15	1,31			8,82	1,26			1,38	125
	687	4,25	4,09	4,43	4,75	5,83	5,67	4,33	50,27	7,18			33,35	4,76				
Bodenverf.mit Bitumen	689	2,25	0,67	1,42	0,67	0,39	0,92	1,00	10,97	1,57			7,32	1,05				
	691	1,42	1,25	0,83	0,67	0,47	0,92	0,75	9,48	1,35			6,31	0,90			1,12	102
	693	2,00	1,75	1,09	1,59	0,92	1,25	2,42	16,53	2,36			11,02	1,43				
	695	0,42	0,75	0,21	1,00	2,00	0,83	0,50	8,59	1,23			5,71	0,81				
	697	0,75	0,50	0,69	0,11	0,75	0,25	0,31	5,01	0,72	1,55	110	3,36	0,48	1,05	95	0,75	68
	699	1,50	1,44	1,88	0,35	0,50	0,92	0,17	8,77	1,25			6,76	0,96				
	701	1,30	0,17	0,71	0,42	0,67	0,59	0,50	5,76	0,82			4,36	0,62				
	703	0,53	0,45	0,31	1,36	0,42	0,59	0,22	5,26	0,75			3,88	0,56			1,26	115
	705	2,00	4,21	1,92	2,17	2,75	2,50	2,70	27,39	3,91			18,28	2,61				
Mechanische Bodenverf.	707	2,05	2,91	2,17	3,17	3,34	3,20	4,09	30,39	4,34			20,93	2,70				
	709	1,79	0,68	0,65	0,29	0,35	0,82	0,75	5,90	0,84			5,33	0,76			1,68	152
	711	1,67	1,60	1,80	1,66	1,42	1,67	1,33	15,00	2,14			11,14	1,59				
	713	1,75	3,40	1,31	4,92	1,48	1,50	1,58	12,53	1,79			15,86	2,27				
	715	1,60	1,09	1,99	2,92	2,83	1,60	1,33	20,52	2,93	1,76	125	13,42	1,92	1,40	127	1,64	149
	717	1,50	0,60	1,90	0,19	0,50	0,34	0,17	5,47	0,78			5,20	0,74				
	719	0,63	1,23	2,92	1,59	0,59	1,10	0,83	9,47	1,35			8,89	1,27				
	721	1,82	1,02	0,28	0,28	1,16	0,12	0,11	4,77	0,68			4,79	0,68			0,91	83
	723	1,21	1,19	0,43	0,95	0,50	0,77	0,47	7,15	1,02			5,52	0,79				

Anlage 14, Tabelle 1

Ergebnisse der Unebenheitsmessungen im Schwarzdeckenteil

Anlage 14, Tabelle 1

Ergebnisse der Unebenheitsmessungen

Fahrbahn	von km	bis km	Zeitpunkt der Messung						
			Herbst 54	Frühj. 55	Herbst 55	Frühj. 56	Herbst 56	Herbst 57	Herbst 58
linke	2,7	2,6	1,682	1,491	1,442	1,589	1,351	1,187	1,605
	2,6	2,5	1,485	1,501	1,213	1,197	1,119	1,040	1,305
	2,5	2,4	2,716	1,587	1,564	1,628	1,639	1,447	1,641
rechte	2,7	2,6	1,540	2,362	1,586	1,465	1,495	1,460	1,447
	2,6	2,5	1,437	1,941	1,503	1,363	1,377	1,439	1,385
	2,5	2,4	1,528	1,943	1,346	1,270	1,367	1,502	1,570
	Mittel:		1,731	1,804	1,442	1,419	1,391	1,346	1,492
linke	2,4	2,3	1,637	1,380	1,414	1,402	1,418	1,615	1,976
	2,3	2,2	1,189	0,975	1,031	0,995	0,994	1,240	1,500
	2,2	2,1	1,751	1,262	1,222	1,103	1,033	1,135	1,648
rechte	2,4	2,3	1,366	1,641	1,249	1,217	1,285	1,276	1,269
	2,3	2,2	1,844	2,092	1,502	1,439	1,430	1,556	1,488
	2,2	2,1	1,642	1,922	1,533	1,416	1,363	1,669	1,662
	Mittel:		1,572	1,545	1,325	1,262	1,254	1,415	1,591
linke	2,1	2,0	1,350	1,784	1,585	1,534	1,692	1,729	1,663
	2,0	1,9	1,357	1,863	1,656	1,502	1,685	1,684	1,688
	1,9	1,8	1,744	1,573	1,242	1,225	1,436	1,365	1,540
rechte	2,1	2,0	1,805	1,671	1,332	1,295	1,274	1,453	1,317
	2,0	1,9	1,868	1,741	1,173	1,221	1,122	1,333	1,340
	1,9	1,8	1,580	2,112	1,680	1,756	1,674	1,886	1,686
	Mittel:		1,617	1,791	1,445	1,422	1,481	1,575	1,539
linke	1,8	1,7	1,951	2,084	1,972	1,891	2,021	2,060	2,182
	1,7	1,6	1,605	1,587	1,275	1,096	1,129	1,397	1,611
	1,6	1,5	1,613	1,801	1,646	1,384	1,519	1,287	1,722
rechte	1,8	1,7	1,241	1,378	1,056	1,006	0,907	1,241	1,050
	1,7	1,6	1,314	1,455	1,221	1,280	1,197	1,317	1,265
	1,6	1,5	1,752	1,695	1,425	1,412	1,371	1,589	1,448
	Mittel:		1,579	1,667	1,433	1,345	1,357	1,482	1,546
linke	1,5	1,4	1,776	1,551	1,284	1,334	1,361	1,435	1,546
	1,4	1,3	1,669	1,566	1,420	1,538	1,443	1,590	1,670
	1,3	1,2	1,754	1,617	1,388	1,368	1,335	1,543	1,670
rechte	1,5	1,4	1,668	1,804	1,387	1,295	1,581	1,602	1,653
	1,4	1,3	1,701	1,788	1,419	1,597	1,492	1,622	1,706
	1,3	1,2	1,561	1,567	1,327	1,245	1,357	1,439	1,438
	Mittel:		1.688	1.649	1.371	1.396	1.428	1.539	1.614

Anlage 15, Abbildungen 1 bis 6

Ergebnisse der Unebenheitsmessungen in Abhängigkeit von der Zeit

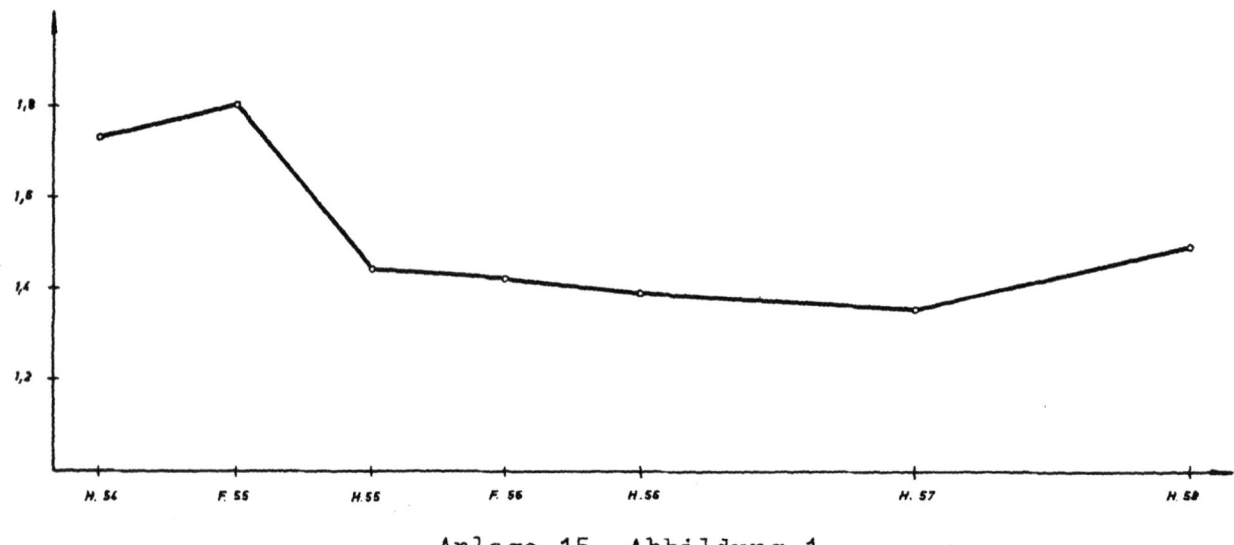

Anlage 15, Abbildung 1

Ergebnisse der Unebenheitsmessungen in Abhängigkeit von der Zeit
km 2,7 - 2,4

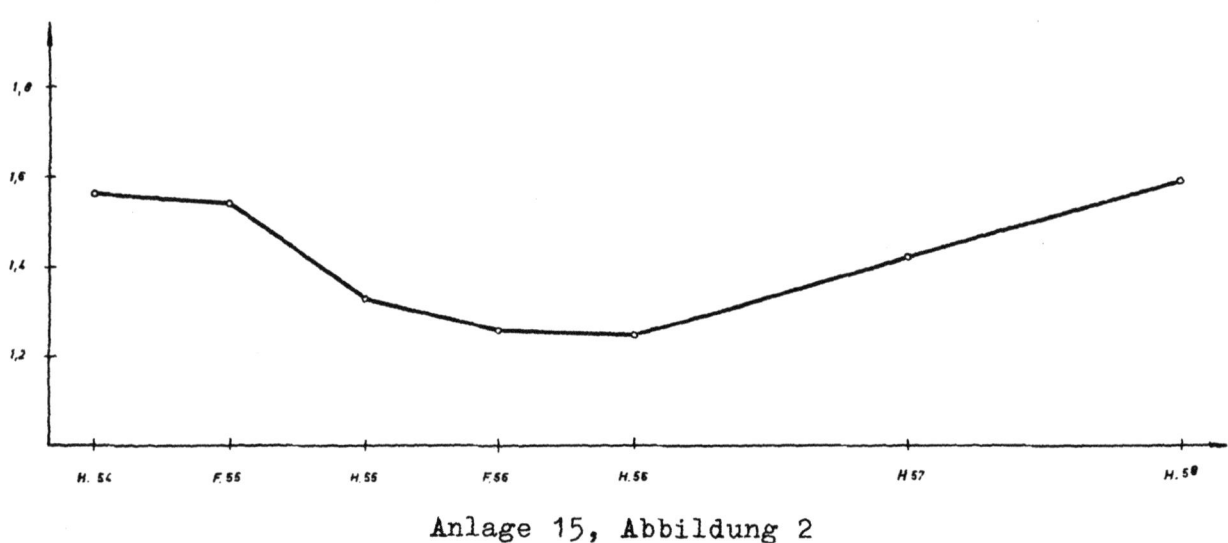

Anlage 15, Abbildung 2

Ergebnisse der Unebenheitsmessungen in Abhängigkeit von der Zeit
km 2,4 - 2,1

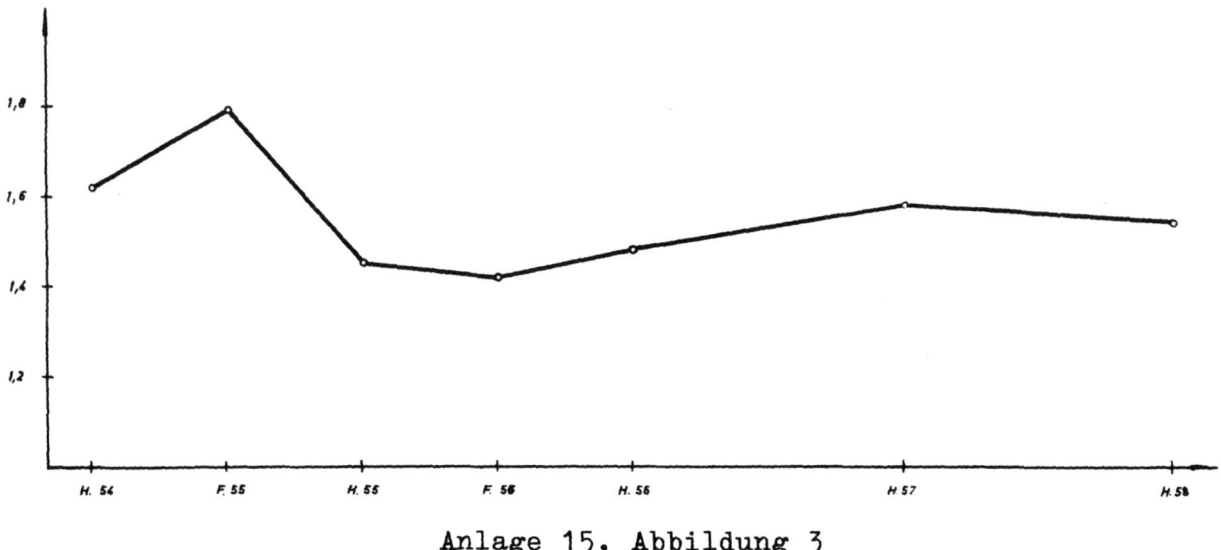

Anlage 15, Abbildung 3

Ergebnisse der Unebenheitsmessungen in Abhängigkeit von der Zeit
km 2,1 - 1,8

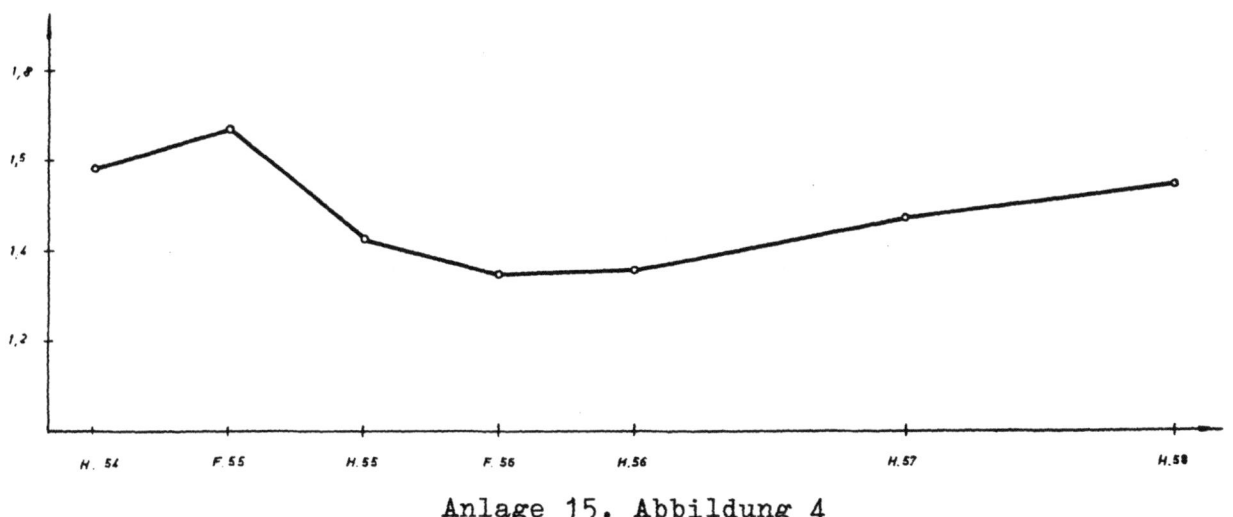

Anlage 15, Abbildung 4

Ergebnisse der Unebenheitsmessungen in Abhängigkeit von der Zeit
km 1,8 - 1,5

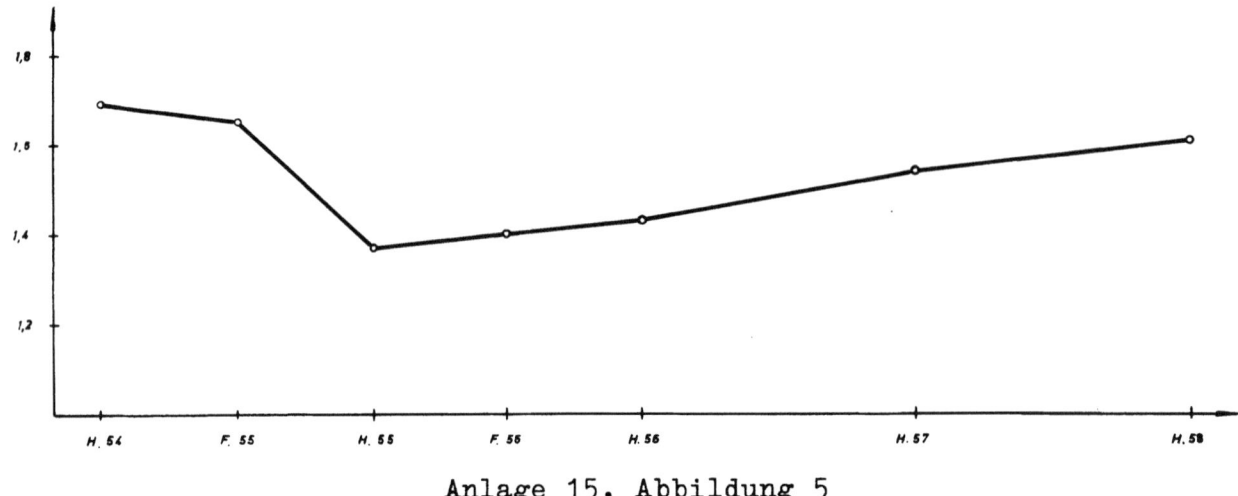

Anlage 15, Abbildung 5

Ergebnisse der Unebenheitsmessungen in Abhängigkeit von der Zeit

km 1,5 - 1,2

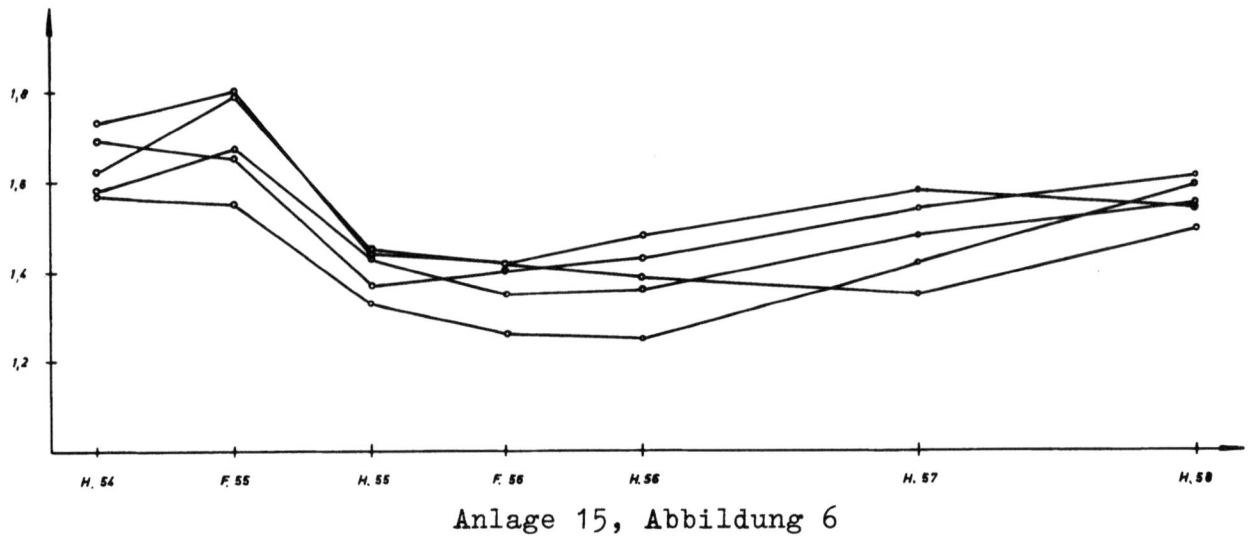

Anlage 15, Abbildung 6

Ergebnisse der Unebenheitsmessungen in Abhängigkeit von der Zeit

FORSCHUNGSBERICHTE DES LANDES NORDRHEIN-WESTFALEN

Herausgegeben durch das Kultusministerium

VERKEHR

HEFT 164
Dr.-Ing. H. Schmachtenberg, Köln
Neuartige Prüfeinrichtungen für Kraftfahrzeuge
1955, 44 Seiten, 23 Abb., DM 9,60

HEFT 195
Dozent Dr.-Ing. E. Rößger, Köln
Gedanken über einen neuen deutschen Luftverkehr
1955, 342 Seiten, 29 Abb., 122 Tabellen, DM 50,—

HEFT 201
Dr.-Ing. E. W. Pleines, Frankfurt/Main
Die Sicherheit im Luftverkehr
1956, 194 Seiten, 39 Abb., 19 Tabellen, DM 39,45

HEFT 293
Prof. J. W. Korte, unter Mitarbeit von Dipl.-Ing. P. A. Mäcke und Dipl.-Ing. W. Leutzbach, Aachen
Die Leistungsfähigkeit von Verkehrsanlagen des motorisierten städtischen Straßenverkehrs
1956, 98 Seiten, 35 Abb., 5 Tabellen, 1 Falttafel, DM 22,50

HEFT 396
Prof. Dr.-Ing. F. Schultz-Grunow, Dr.-Ing. A. Jogerich, Essen, Dipl.Ing. H. Meyer und cand. ing. P. Sand, Aachen
Untersuchungen des Luftwiderstandes von Güterwagen
1957, 42 Seiten, 18 Abb., 5 Tab., DM 10,90

HEFT 421
ORR Dipl.-Volkswirt Dr. H. Rogmann, Düsseldorf
Die Erforschung der Verkehrskonjunktur und der langzeitigen Dynamik in der Verkehrswirtschaft (Zusammenfassung der eingegangenen Stellungnahmen und Vorschläge)
1957, 168 Seiten, 3 Falttafeln, DM 26,60

HEFT 537
Dr.-Ing. N. Gössl, Frankfurt/M.
Probleme der Zugförderung im Zusammenhang mit der Ausnutzung der Atom-Energie
1958, 116 Seiten, 28 Abb., 12 Tabellen, DM 29,90

HEFT 610
Prof. J. W. Korte, Dr.-Ing. P. A. Mäcke und Dipl.-Ing. R. Lapierre
Gestaltung von Straßenverkehrsanlagen
1. Teil: Kreuzungsanlagen
1959, 142 Seiten, 67 Abb., zahlr. Tabellen, DM 41,—

HEFT 640
Prof. Dr. phil. H. Israël und Dipl.-Phys. F. Kasten, Aachen
Die Sichtweite im Nebel und die Möglichkeiten ihrer künstlichen Beeinflussung
1959, 76 Seiten, 20 Abb., 3 Tabellen, DM 19,20

HEFT 647
Deutsche Studiengemeinschaft Hubschrauber e. V., Stuttgart-Flughafen
Lastenhubschrauber L-41 und L-51 für 4000 kg Nutzlast. Teil I: Entwurfsgesichtspunkte, Auslegung und Baubeschreibung, Leistungsrechnungen
1959, 120 Seiten, 93 Abb., DM 31,80

HEFT 648
Deutsche Studiengemeinschaft Hubschrauber e. V., Stuttgart-Flughafen
Lastenhubschrauber L-41 und L-51 für 4000 kg Nutzlast. Teil II: Gewichte, Festigkeitsnachweis, Kräfte und Momente am Rotor
1959, 118 Seiten, 95 Abb., 21 Tabellen, DM 33,20

HEFT 649
Deutsche Studiengemeinschaft Hubschrauber e. V., Stuttgart-Flughafen
Lastenhubschrauber L-41 und L-51 für 4000 kg Nutzlast. Teil III: Steuerungs- und Stabilitätsuntersuchungen, Schwingungsbeanspruchung von Rotorblättern, Konstruktionsvorschläge
1959, 86 Seiten, 31 Abb., DM 22,60

HEFT 675
Dr.-Ing. W. Könecke, Frankfurt/Main
Beanspruchung der Straße durch Kraftfahrzeuge
in Vorbereitung

HEFT 679
Prof. Dr. med. V. Hoffmann und Gernot Büttner, Köln
Die Verletzungen von Autoinsassen. Ihre Entstehung und Verhütung
I. und II. Teil
1959, 394 Seiten, 180 Abb., 59 Tabellen, DM 66,—

HEFT 733
Prof. J. W. Korte und Dipl.-Ing. R. Lapierre, Aachen
Die Leistungsfähigkeit von Kreisverkehrsplätzen
1959, 242 Seiten, 96 Abb., zahlr. Tabellen, DM 52,—

HEFT 903
Prof. Dr.-Ing. B. Renfert, Baurat Dipl.-Ing. K. Heisig und Dipl.-Ing. J. Thelen
Untersuchung über Bodenverfestigung des Untergrunds zur Feststellung der technischen und wirtschaftlichen Auswirkungen auf den Unterbau bzw. auf die Straßenbetonfahrbahnplatten, sowie Untersuchungen flexibler Deckenkonstruktionen auf verschiedenen Unterbauarten
In Vorbereitung

Ein Gesamtverzeichnis der Forschungsberichte, die folgende Gebiete umfassen, kann bei Bedarf vom Verlag angefordert werden:
Acetylen / Schweißtechnik – Arbeitspsychologie und -wissenschaft – Bau / Steine / Erden – Bergbau – Biologie – Chemie – Eisenverarbeitende Industrie – Elektrotechnik / Optik – Fahrzeugbau / Gasmotoren – Farbe / Papier / Photographie – Fertigung – Gaswirtschaft – Hüttenwesen / Werkstoffkunde – Luftfahrt / Flugwissenschaften – Maschinenbau – Medizin / Pharmakologie / Physiologie – NE-Metalle – Physik – Schall / Ultraschall – Schiffahrt – Textiltechnik / Faserforschung / Wäschereiforschung – Turbinen – Verkehr – Wirtschaftswissenschaften.

MIX
Papier aus verantwortungsvollen Quellen
Paper from responsible sources
FSC® C105338

If you have any concerns about our products,
you can contact us on
ProductSafety@springernature.com

In case Publisher is established outside the EU,
the EU authorized representative is:
Springer Nature Customer Service Center GmbH
Europaplatz 3, 69115 Heidelberg, Germany

Printed by Libri Plureos GmbH
in Hamburg, Germany